西餐大師
新手也能變大廚

許宏㝢、賴曉梅 著

相信很多人都會照著食譜上的指示去採購食材，依食譜的內容添加調味，跟著食譜去調整火候，全都是依樣畫葫蘆地烹調，但煮出來的食物卻大相逕庭，讓人難以入口。因為「瞭解」與「做到」畢竟是兩回事！全然不同的是，許宏寓老師以多年的豐富餐飲經驗，透過對食材特性的瞭解、對烹調方式的熟稔、對器具美感的挑選，都以專業角度深入淺出的陳述，讓任何一個料理新手，透過本書馬上變成廚藝達人！

王品集團董事長 　戴勝益

自1973年希爾頓大飯店到臺灣，開啟了臺灣的正規西餐之路，在之前幾乎只是西式的餐廳，空有形體而無內容。許宏寓師傅16歲學藝，專攻西餐至今，數度到義大利進修，並參與亞洲的各級國際競賽，傳承無數廚師與學子，傾囊相授從不藏私。賴曉梅師傅亦於16歲開始學藝，專攻甜點，有著豐富的業界經驗與教學資歷，榮獲國際甜點大獎，最擅長「少女的酥胸 —— 馬卡龍」，曾為總統與國外貴賓特製創意馬卡龍，頗受佳評。

這本書是兩位師傅首次攜手合作，依循著書裡的脈絡，讀者能輕鬆的做西餐、甜點，並瞭解西餐餐點之源由，進而提升享用西餐的品味與素養。臺灣生活水平的提升，吃西餐已是生活中的一部分了，不只是懂得吃，還要知道如何製作，及懂得欣賞。

書裡圖文並茂，淺顯易懂的讓「新手也能變大廚」，料理達人要做好料理要先從確認食材開始，基本功練得好才有可能成為名廚。

展圓國際 麻布茶房 　張芸郎

近年隨著政府大力推動台灣美食與社會大眾對美食品味的提升，餐飲產業隨之蓬勃發展，已成為國家發展觀光之重要競爭力。

坊間雖不乏烹飪書籍，但本書由西餐名廚許宏寓、甜點名師賴曉梅，深入淺出將專業廚藝融入生活，深具特色。從西餐典故介紹，食材的認識、器具的正確使用與烹調技巧，到全套西餐的製作，圖文並茂，輕鬆易學，使新手也能快速上手。

本書作者許宏寓具有豐富的西餐業界經驗與大專院校教學經驗，並在國際烹飪競賽中榮獲殊榮。

作者長年以來對西餐的鑽研，今日更將西餐製作編撰成書，利用生動簡單的內容來引發讀者的興趣，在許宏寓的大作「西餐大師—新手也能變大廚」即將付梓之際，欣見新書面世，謹綴數語以為序。

德霖技術學院校長

中華民國餐旅教育學會理事長　洪久賢

書到今生讀已遲，我在幾年前讀到這句話時特別有感覺，因此認真的找尋出處，網路版說：「這是出於清朝進士袁枚(1716年～1797年)的『隨園詩話』，是袁枚讀到北宋進士，詩書畫三絕的才子——黃庭堅(1045年～1105年)，流傳的一段故事後的讚嘆！」。

但讓我驚喜收獲的是，袁枚是文學家，也是位美食家，還撰寫了一本食譜「隨園食單」，是清朝飲食的重要著作，有系統地論述烹飪技術和中國南北菜點。開啟了我對於飲食文化與廚藝技術的研究興趣。

古人說：「飲食男女，人之大欲」，又說「民以食為天」，在台灣有「吃飯皇帝大」的諺語，表示飲食是我們日常生活中重要的一部分。

自 1995 年國立高雄餐旅專科學校（2010 年改名高雄餐旅大學）設校招生開始，各高職、大專校院相繼增設餐飲相關科系所，讓餐飲廚藝技術由師徒制的學習，提升到學校的專業教育，近年來餐飲科系更是蓬勃發展。

宏寓兄，16 歲即入行學習西餐烹調至今超過 30 年，習得一身烹調的好功夫，西餐製作的實戰經驗豐富，並在本校與高雄餐旅大學等院校，兼授西餐烹調課程，傳承廚藝技術，嘉惠學子。

此次與烘焙才女賴曉梅老師合著「西餐大師——新手也能變大廚」，這本書以西餐製作生活化為目標，從西餐的各式佳餚歷史典故開始，引領讀者使用各式刀具設備、認識食材、運用食材的特性，進入西餐烹調的製作過程、步驟程序清楚，每道菜的烹調過程皆親自操作，是一本西餐烹調與烘焙食品製作的工具書和教科書。

兩位大廚的特色，都是能「實務與理論」和「教與學」相互結合的典範，令人敬佩。

孟子說：「君子遠庖廚」，但近年來「君子近庖廚」是主流，如果「讀書是前世的事」，期盼讀者透過宏寓兄和曉梅老師的這本書，能在其中學習和美味自己的西餐創作，感覺烹調的樂趣，並能習得品味生活中的飲食，那「美食就是今生的享受」。

環球科技大學

觀光與餐飲旅館系 系主任

丁一倫 (Andy) 謹誌

2012 年 2 月

「用心、愛心、熱心」，烹飪好料理

「西餐大師─新手也能變大廚」之書，是我累積30年廚房實務工作，與在高雄餐旅大學、環球科技大學、大同技術學院和中山工商等大專院校的教學經驗兩相融合的心得展現。西餐烹調領域涵蓋非常廣泛，因此學習西餐烹調，不但需要「用心」去學習廚藝技術、認識食材及其運用方式，更需要暸解當地的飲食文化背景，才可掌握食材的特性與烹調技巧，勇於創意與研發更好的菜餚。對於精進廚藝方面，我一直抱持著「熱心」的態度，並真誠地跟隨廚藝界先進們學習，協助學生們參加國內與國際性烹飪大賽，藉「教與學」的過程彼此激勵成長，以廚藝廣結善緣。

當您是一位廚房工作者，就應期許自己是位烹調藝術家，所以要以「愛心」去創作每一道佳餚，呈現給每位貴賓。因此若能勇於嘗試並對於烹調有「用心、愛心、熱心」的理念，新手都能烹飪出好料理。

本書出版感謝廚藝界長官先進的提拔、栽培和指導，特別是全球餐飲發展股份有限公司岳家青執行長的愛護，環球科技大學觀光與餐飲旅館系丁一倫主任的鼓勵，並最感恩～親友家人和學生們的關懷。本拙著如仍有疏漏之處，期盼餐飲廚藝界專家學者不吝指正，使自己有更多學習和成長的機會。

Andy
3/10.2012
（許宏寓）謹誌

「大膽提問」累積廚藝實力

在高中求學階段，我主修的是廣告設計科，和現今所從事的餐飲業沒有太大的相關性。高中畢業後就在餐飲業打工，剛進入這行時，是以學徒的身分開始磨練基本功，而當時的西點廚房也只有我一個女學徒。在那個年代，很少有女生從事內場工作，所以女孩子進這行一點都不吃香。而當時也沒有任何的餐飲學校，甚至老師傅的食譜也是憑記憶口傳，學徒必須靠強記才能學到技術；而我也分外認真學習，爭取進取機會，舉凡師傅不去的研習活動我都搶著去，希望透過不同的學習機會，增進自己的實力。

二十多年來，我參加了上千場講座，多次到國外進行短期進修，覺得讓自己進步最快的方法，就是「大膽提問」及不斷的練習與學習，唯有透過這樣的舉動，才會加強你的記憶，也利用這種學習方式，吸取別人累積下來的經驗，進而轉換成自己的資源。這是我第一本甜點書，很開心有這個機會讓喜愛製作甜點的你一起參與我的甜點世界。同時我想告訴各位讀者們，也許你不是餐飲學校畢業，也許你沒有專業的知識，但是，只要熱衷於學習自己喜愛的事物，讓一切從零開始，相信自己，只要認真努力的學習，你也可以創造出一道道美味的甜點！

最後也要感謝，在餐飲業中願意傳授廚藝的師傅們，也因為有他們無私的奉獻，才能讓後輩們吸收前人的經驗而結合所學，創造出更多不一樣的創意甜點，也讓台灣的餐飲，在世界上持續的發光發熱。

國內外獎項

1997 年	榮獲全國創意薑餅屋大賽 第三名
2002 年	榮獲中華民國觀光協會優良從業人員
2004 年	取得丙級西點蛋糕烘焙技術證照
	取得乙級西點蛋糕烘焙技術證照
2009 年	第一屆泰國曼谷亞洲烹飪賽
	創意甜品最高分——金球獎
	現場甜點個人賽——銀牌
	新亞洲料理團體賽——銀牌
2010 年	當選交通部觀光局優良旅館從業人員
	全國十大經典好米選拔評審委員
	中華民國 99 年國慶酒會點心製作
	獲選經濟部優良十大創意大廚
	獲選觀光局優良觀光產業從業人員
	遠見雜誌登選為【100 大新台灣之光】
2011 年	經濟部全國優良創意大廚
2012 年	新加坡 FHA 御廚國際中餐筵席爭霸賽團體組金牌

學術經歷

2007 年	台灣觀光學院兼任技術級專業講師
2008 年	開南大學兼任技術級專業講師
2009 年	桃園縣蘆竹鄉鄉民大學烘焙技術講師
2010 年～至今	景文科技大學專技助理教授
2011 年	中華民國 100 年國慶酒會點心製作
	100 年菁英盃青年廚師選拔賽實習裁判
	擔任上海 FHC 國際烹飪藝術比賽大賽裁判
2012 年	中華大學兼任專業技術助理教授

Sami Sin
蔡曉梅

目　錄

Chapter 1

西餐典故
INTRODUCTION

西餐的分類相當廣泛，一般而言、大都是以歐洲菜系為主，其它區域為輔。對於有興趣從事這方面學習者來說，應該對各地方的歷史背景、地理環境、人文特色、當地特產及飲食文化先有一定了解，才能對西餐烹調有更深入概念。

餐飲藝術的究極表現
──法國菜 FRENCH FOOD

法國菜是西餐中最具知名度與代表性的菜系。法國人憑藉對食材方式認知與靈活的運用，加上因地理區位的不同，在烹飪技巧與風味上產生獨特的差異性，也因此創造出非常多，為世人所熟知的經典佳餚，這也是法國菜知名的原因之一。

十六世紀時，義大利凱撒琳公主，因為政治因素下嫁給法國國王亨利二世。那時隨行者包括了幾位當時義大利知名廚師，因此將義大利在文藝復興盛行的牛肝臟、黑菌，嫩牛排，奶酪等烹飪方式與技巧一併帶入了法國。原本就對飲食很講究的法國人，便將兩國的烹飪優點融合在一起，如此一來，更大大提升了法國菜地位。

後來法皇路易十四世在位時，更針對凡爾賽宮的廚師與侍膳人員舉辦烹飪比賽，凡是烹飪技術優異者，就賜給予藍帶獎（LE CORDON BLUE），且一直流傳至今。當時在那樣受到鼓舞的環境之下，培育出許多名廚，廚師更成為一種高尚且具藝術性的職業。

曾任俄帝沙皇亞力山大一世與英皇喬治四世的首席廚師安東尼 ‧ 卡瑞美 (ANTOINE CAREME)，匯集了當時廚房裡裡技巧，編著了一本『烹調大字典 (DICTIONARY OF CUISINE)』另外還寫了二本餐飲書籍『法國菜藝術大全』(L´ART DE LA CUISINE FRANCAISE) 與 『古典式法國菜』(SURVEY OF CLASSIACL FRENCH COOKING)。如此一來，奠定了法國古典式菜的基礎。

法國菜烹飪小常識

常用食材：牛肉 (BEEF)、犢牛肉 (VEAL)、海鮮 (SEAFOOD)、家禽 (POULTRY)、羊肉 (LAMB)、
魚子醬 (CAVIAR)、蔬菜 (VEGETABLE)、松露 (TRUFFLE)、田螺 (ESCARGOT)、鵝肝
(GOOSE LIVER)。

配料選用：白酒、紅酒、牛油、鮮奶油及各式香料。

火　　候：牛、羊通常烹調至五、七分熟即可。

醬汁製作：醬汁 (SAUCE) 製作，非常費時，取材甚廣，無論是高湯、酒、鮮奶油、牛油、各式香料、
水果等，都可靈活運用。

法國料理三寶——松露、鵝肝醬、魚子醬

料理黑鑽——松露

松露的生產季節大約是每年 12~2 月底間，種類總共高達三十種。外表看起來很平凡，但它散發出獨特深沉的香味與濃厚動物香，只要在菜餚上加點松露，便可提升這道菜的價值感，因此被饕客稱為「料理黑鑽」。但因松露相當稀少，所以價格相當昂貴。其中又以白松露更稀有、昂貴，香味比黑松露更香醇。法國政府也曾經投入大量人力與財力研究與繁殖，但效果不是很好。

豐美珍饈——鵝肝醬

鵝肝法文是 Foie gras 是法國著名的食材，因為品嘗起來有如泥般的柔軟，因此被稱為「鵝肝醬」。製作鵝肝醬的肝是取自人工方式養殖的鵝，以大量玉米餵食，使肝的部份變的豐厚肥美。

取得新鮮鵝肝後，還需要以手工處理製作成如慕司狀的鵝肝醬，鵝肝醬的吃法，除了可單吃、還可搭配法國麵包與土司，也可與沙拉、義大利麵一起涼拌。或者也可切一片放在煎好的牛排上，讓牛排香味與鵝肝融化結合一起，是道令人垂涎三尺的佳餚。

純粹享受——魚子醬

法國是歐洲食用魚子醬最多的國家，種類很多，世界上最高級魚子醬有三種；貝魯加 (BELUGA)、歐西加 (OSCIETRE)、塞魯加 (SEVRUGA)。其中以貝魯加魚子醬為最高級，顆粒大、光澤好、價格也最昂貴。其次是歐西加魚子醬、和塞魯加魚子醬，它們都取自於海鱘魚。

海鱸魚是種稀有的深海肉食性魚類，主要分佈在大西洋印度洋和西太平洋等，由於海鱸魚沒有魚鰾，在水中需要不停地游動以保持浮力，使得海鱸魚獨具肉質細膩、爽嫩、味道鮮美等特色。

海鱸魚棲息在外海 20 公尺以下的深海水域，由於不作集群洄游，因此自然繁殖機率很小，因為產量稀少且營養價值很高，一直受到歐洲國家高檔餐飲市場的青睞。

法國菜常用食材

葡萄酒

法國是世界上最負盛名的葡萄酒、香檳和白蘭地產區之一，因此法國人對於酒搭配餐飲使用非常講究。

比如説餐前應飲用較淡開胃酒；食用沙拉、湯、海鮮時、通常搭配白酒，食用肉類時則搭配紅葡萄酒；而在飯後飲用少許白蘭地或甜酒類。香檳酒則用於慶典、結婚、生子、慶功。

起士

法國的起士相當有名，而且種類很多。依型態可分為新鮮而軟的、半硬的、硬的、藍莓、醃燻等五大類。通常食用起士時，會搭配麵包、乾果 (核桃)。

法國料理之始祖
——義大利菜 ITALIAN FOOD

早在文藝復興時期，義大利人對於烹飪技巧與食材應用就很講究了。而且，最令義大利人引以為傲，且津津樂道的就是他們自認是法國菜的鼻祖，這是因為義大利人將傳統義大利烹飪技術帶入了法國，法國人再將兩國烹飪優點加以融合，創造出現今世界上最具盛名法國菜餚。

義大利菜在烹飪手法上，一般較重口味，所以非常喜歡用橄欖油、大蒜、蕃茄、各式香料。在烹飪方式注重原汁原味，油炸類很少，都以燒烤、燴為主。

其它還有些具國際知名度菜餚，例如生醃牛肉 (CAPPACCIO)，燜小牛蹄 (BRAISED OSSOBUCO)，檸檬雞 (LEMON-CHICKEN)。義大利人對肉品類製作與加工非常講究，如風乾牛肉 (DRY BEEF)，風乾火腿 (PARMA HAM)，沙拉米 (SALAMI)，與各式冷肉腸 (SAUSAGE) 等，這些冷肉製品非常適合於開胃菜與下酒佐食。

義大利人對麵、飯類製品也非常喜歡，單就麵、飯類製品就有百來種，如菠菜麵片 (LASAGNE)、寬雞蛋麵 (TAGLIATELLE)、義大利麵 (SPAGHETTI)、通心粉 (MACARONI)、餃子 (PAVIOLI)，還有流行於世界各地的披薩餅 (PIZZA)，披薩餅搭配著各式番茄沙司、香腸、青椒、起士，所以研發出相當多種口味。

起士深受義大利人喜愛，如帕瑪森起士 (PARMESAN) 其風味，令人回味無窮。咖啡在義大利也是非常流行，蒸氣壓縮咖啡 (ESPRESSO) 和卡布基諾咖啡 (CAPPU CCINO) 都是飯後與休憩時最好飲料。

到「義」一遊，不吃不可

米　蘭：特產有米、松露　　出名菜餚：米蘭豬排 (PORK ESCALLOP MILAANESE)
　　　　　　　　　　　　　　　　　　　紅花飯 (RISOTTO MILAANESE)

威尼斯：特產有海鮮　　　　出名菜餚：番茄海鮮湯 (ZUPPA DIPESECE)
　　　　　　　　　　　　　　　　　　　洋蔥小牛肝 (CLAF S LIVER)

羅　馬：無　　　　　　　　出名菜餚：犢牛火腿片 (SALTIM BOCCA ALLA ROMANA)

Chapter2

主菜常用食材
與烹調方式
MAIN COURSE INGREDIENTS
AND CONTENT

不同部位的牛肉、雞肉、豬肉、羊肉、魚肉，在師傅巧思運用各式調味料，
再經過巧妙技法烹調，就可變化出一道道可口美味的西餐主菜。

肉類 MEAT

牛肉 BEEF

在所有的肉類中，牛肉是重要的高品質蛋白質、維他命、礦物質 (尤其是鐵和鋅) 的來源。一般在市場上常見的牛肉切割分類，通常是使用美國式分割法，以下就依西式料理的常用牛肉部位，介紹最適合的烹煮方法。

牛肉部位示意圖

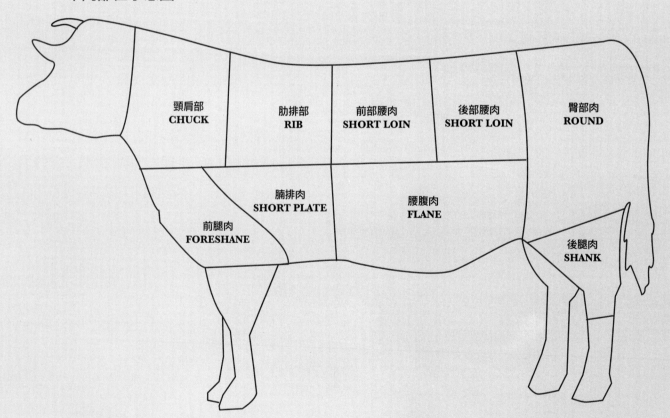

頸肩部 CHUCK

頸部肉：適用於絞肉、炒、燜燉。

肩部肉：又稱夾心肉，適用於燒烤、炒、燜燉、煮。

肩胛里肌：又稱黃瓜條，適用於燒烤、炒。

肩胛小排：適用於燒烤、紅燒、碳烤。

肋排部 RIB

帶骨肋里牛肉：適用於燒、烤。

肋骨牛排：適用於碳烤、煎。

不帶骨肋眼牛排：適用於碳烤、煎。

肋眼條肉：適用於燒烤。

肋骨小排：適用於碳烤、紅燴。

前部腰肉 SHORT LOIN
條肉：又稱大里肌，可切割為紐約牛排 NEW
　　　YORK，沙朗牛排 SIRLOIN，適用於碳
　　　烤、煎、燒烤。
丁骨牛排：適用於碳烤、煎。
紅屋牛排：適用於碳烤、煎。
天　特　朗：又稱菲力或小里肌，適用於燒烤、
　　　　　　煎、燒烤與水煮。

後部腰肉 SHORT LOIN
又稱鞍部肉 SADDLE
去骨沙朗牛排：適用於碳烤、煎、煮。
針骨沙朗牛排：適用於碳烤、煎、紅燴、煮。
平骨沙朗牛排：適用於碳烤、煎、紅燴、煮。

臀部肉 ROUND
又稱大腿肉，可分上部後腿肉、外側後腿肉、
內側後腿肉、下後腿肉等四大塊，均適用於燒
烤、燜煮、紅燴。

腰腹肉 FLANK
腰腹肉牛排：適用於燜煮、燴。
腰腹肉捲：適用於燒烤、燜煮。
腰腹絞肉：適用於煎、燜煮。

腩排肉 SHORT PLATE
牛小排：適用於碳烤、燒烤、煮、燴。
牛腩肉：適用於燴、煮。
絞肉：適用於湯、肉丸、肉醬。

前腿肉 FORESHANK
小腿切塊：適用於燜煮、燴。
絞肉：適用於做湯、肉醬。

內臟及其他 OFFAL AND OTHERS
牛的內臟包括牛心、牛舌、牛肚、牛肝、牛腰等，
也常被用來烹調食物，其他還有牛尾及可做湯或
醬汁的配料的牛骨、煮濃醬汁用的牛尾。

犢牛肉 VEAL

背部及鞍部肉 PACK AND SADDLE
條肉、腰肉：適用於牛排、碳烤、燒烤。
菲力、小里肌：適用於切片、碳烤、煎、燒烤、炒。
肋排：適用於牛排、碳烤、燒烤、煎。

腿部肉 LEG
上腿肉：適用於拍成大肉片、切片、燒烤、紅燴、
　　　　炒、煎。
腱子：適用於切成大塊、燒烤、紅燴。

豬肉 PORK

豬肉部位示意圖

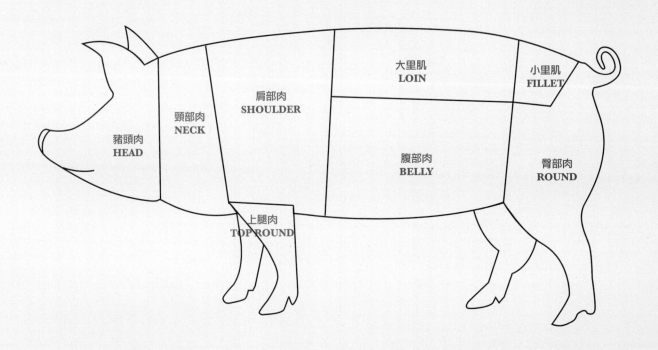

背部肉 RACK

大里肌：適用於煎、碳烤、燒烤、煙燻、炸。

小里肌：適用於煎、燒烤、炒。

肋排：適用於牛排、碳烤、燒烤、煎。

頸部肉：適用於燒烤、紅燴。

臀部肉 ROUND

上腿肉：適用於煎、燒烤、炸。

排骨 SPARE RIB：適用於燒烤、醃漬、碳烤、燜、燴。

肩部肉 SHOULDER：適用於燒烤、醃漬、紅燴。

腹部肉 BELLY：適用於培根肉、板油、燒烤、燉。

內臟與其它 OFFAL AND OTHERS：

豬頭肉：適用於煮、滷。

豬蹄：適用於煮、滷、燴。

腰與肝：適用於煮、炒。

舌：適用於煮、滷、紅酒燴。

腦：適用於煮、滷、燉。

腳：適用於煮、紅燴、燉。

羊肉 LAMB

背部及鞍部肉 RACK AND SADDLE
全鞍部肉：適用於燒烤。
羊排：適用於煎、燒烤、碳烤。
大里肌：適用於切割羊排、碳烤、燒烤、煎。

腿肉：適用於紅燴、燒烤、燉。
羊膝：適用於燜、燴、燉
胸肉：適用於紅燴、煮、燉。
肩部肉：適用於燒烤、醃漬、紅燴、燉、燜。

家禽、野味類 POULTRY AND GAME

家禽類 POULTRY

老母雞：每隻約 1.5 公斤至 2 公斤，適合熬高湯。
成雞：每隻約 1 公斤至 1.5 公斤，適合烹製烤雞。
春雞：小雞 (每隻約 500 公克至 800 公克)。
火雞：每隻 8 公斤重到 15 公斤。
鴨：每隻約 1.8 公斤至 2.5 公斤。
鵝：每隻約 3 公斤以上。

野味類 GAME

野外才可看見的雉雞、鵪鶉、綠頭鴨、野鴿，野兔、鹿等，也都會被拿來當西式料理的食材。

魚類、海鮮類 FISHES AND SEAFOOD

魚類 FISHES

上市場到魚攤買魚，想看看魚新不新鮮時，檢視外觀與氣味，是最佳方法。

魚類部位示意圖

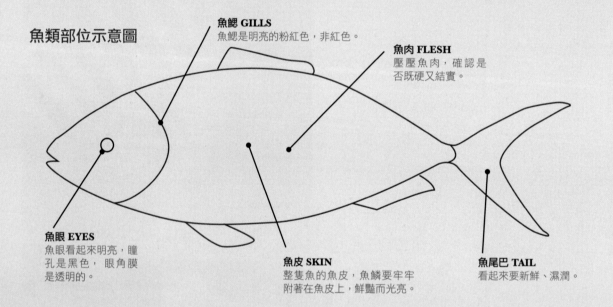

魚鰓 GILLS
魚鰓是明亮的粉紅色，非紅色。

魚肉 FLESH
壓壓魚肉，確認是
否既硬又結實。

魚眼 EYES
魚眼看起來明亮，瞳
孔是黑色，眼角膜
是透明的。

魚皮 SKIN
整隻魚的魚皮，魚鱗要牢牢
附著在魚皮上，鮮豔而光亮。

魚尾巴 TAIL
看起來要新鮮、濕潤。

淡水魚 FRESH WATER FISH

鯉魚：原產於亞洲的淡水魚，適合以油炸、蒸、煮、烤的方式烹調

鱒魚：產於北美洲，少數種類為海水魚，適合蒸煮、烘焙、碳烤、煎和明火燒烤、煙燻等烹調方式來處理。

鰻魚：魚肉油質含量高，富含維他命 A、D 與蛋白質，在日本和歐洲被廣泛使用於烹飪上，適合烘烤、燉煮、煙燻。

梭子魚：在歐洲非常受歡迎的一種淡水魚，魚肉細瘦密實，油脂含量低，適合各種烹煮法。

鮭魚：產於北海、加拿大、太平洋，從淡水到海水都有，是迴游性魚種，適合各種烹調方式，尤其煙燻和鹽漬最好。

鮭鱒：產於北大西洋、北海，種類同鮭魚，但體型較小。

海水魚 SEA WATER FISH

鱸魚：肉質細密，適合煎、碳烤、打魚慕司，魚骨可煮高湯，富有膠質。

紅鰱魚：俗稱金線魚，非鰱魚類，適合油炸、煎、碳烤、水煮。

鯛魚：種類包括紅鯛、黑鯛與日本鯛魚等，適合以蒸、煮、煎、烘焙等方式烹調。

紅魚：產於美國沿岸，屬鯛魚品種，一年四季皆可購得，適合各種烹調方法。

白銀魚：產於地中海，適用於醃燻、煎、烤。

鱈魚：產於太平洋與大西洋海域，肉質細嫩，適合以蒸、烘烤、燜煮、明火燒烤、油炸或煙燻等烹調法。

沙丁魚 ：是種體型小、骨軟的海水魚種，適合以燒烤、油炸、煮、製作沙拉、煙燻、鹽漬、製造罐頭。

海令魚：是鯡魚的一種，分布於太平洋和北大西洋海域，肉質細軟，適合以燒烤、碳烤、醃漬、鹽漬、煙燻。

鯖魚：又稱為青花魚，生長於大西洋海域，適合鹽漬、煙燻、明火燒烤、製造罐頭。

鮪魚：適合明火燒烤、碳烤、油煎、製造罐頭。

杜佛板魚：又名為黃帝魚、龍利魚、鰈魚，肉質細緻，適合以蒸、煮、烘烤、燒烤等烹調法。

突巴魚：大型比目魚，從冰島到地中海海域皆可見到，適合以蒸、煮、明火燒烤、烘烤、油炸等烹調法。

哈立巴魚：大型扁魚，是鰈魚的一種，適合各種烹調法。

鱘魚：在裏海、黑海、美國、南大西洋都有鱘魚的蹤影，可採收魚子醬，適合於燜煮、燒烤、碳烤方式。

鯷魚：產於地中海與南歐沿岸，適合鹽漬、製作罐頭。

鯧魚：適合明火燒烤、煙燻，烘烤、碳烤等烹飪方式。

石斑魚：產於台灣、美國、墨西哥灣，適合蒸煮、煎、烤等烹調方式。

黑貂魚：俗稱為阿拉斯加鱈魚，魚肉質細味好，適合以油炸、烘焙、燒烤、碳烤、煙燻等方式。

旗魚：全球各海域都有機會看得到旗魚，體積大適合燒烤、烘焙。

甲魚（鱉）：可烹調成濃湯或燉煮等。

海鮮類 SEAFOOD

甲殼類 CRUSTACEANS

小蝦：全球各海域都有，可製作成乾蝦米、蝦醬、蝦露和蝦慕斯。

明蝦：又稱為斑節蝦、虎蝦，肉質細緻味甜，適合碳烤、煎、蒸煮、明火燒烤。

龍蝦：產於美國、南加洲、澳洲、紐西蘭、南非、墨西哥等地，適合碳烤、蒸煮、焗烤。

小龍蝦：是淡水小龍蝦，為美國路易斯安納州人民的常用食材，還可拿來烹調小龍蝦醬汁。

大王蟹：產於北太平洋沿海一帶，又稱為阿拉斯加巨蟹，取蟹腿做料理。

雪蟹：產於北太平洋和加拿大東部沿海一帶，適合蒸煮、沙拉，蟹肉製作罐頭。

軟殼蟹：是螃蟹長到一定程度時，必須褪去其舊有的硬殼，再生長出可容納變大身軀的新殼，新殼是軟的，故稱為軟殼蟹，適合酥炸做冷盤。

石蟹：產於美國佛羅里達洲，可蒸煮，軀殼質地硬。

軟體類 MOLLUSCS

淡菜：俗稱孔雀貝，產於地中海、大西洋和太平洋沿岸，殼身是深黑色。歐洲人尤其嗜食紐西蘭產的綠淡菜，適合油炸、蒸煮、煙燻、製作罐頭。

蠔 ：又稱蚵，適合沾麵糊後油炸或碳烤、炒、煎等方法烹調。如貝隆生蠔 (BELONE) 等新鮮生蠔亦可生食。

蛤：適合煮湯、蒸、炒、烤之烹調方式。

干貝：適合碳烤、燒烤、炒、煎、煮、曬乾。

鮑魚：通常產於墨西哥、美國加州、日本沿海海岸，常用來乾製或鹽漬、製作罐頭。

田螺：全球各地都產田螺，法國柏根地的田螺最佳，以烹調柏根地紅酒田螺最負盛名。

章魚：章魚的墨汁可製作義大利麵條，新鮮章魚則適合煙燻或製作罐頭。

花枝：適合煙燻、炒、烤、製作丸子。

烏賊：俗稱透抽，適合炒、烤、製作丸子、煙燻、曬乾。

田雞腿：適合湯類、油炸、炒。

保存性食品 PRESERVED FOOD

保存性魚類與魚卵類製品
PRESERVED FISHES & ROES

為了擔心食物因天候或其他因素腐爛變質，十八世紀末法國人發明玻離罐頭，之後英國人彼得・杜倫研製出薄錫鐵製成的鐵皮罐，並在英國獲得了專利，就是現在常用的鐵罐頭，也是保存食物的好容器之一。

在市面上可見到罐裝鰻魚、鮪魚、田螺、沙丁魚、醃漬海令魚、醃燻鮭魚、醃燻鰻魚、醃燻魚、醃燻鯖魚、貝魯加魚子醬、塞魯加魚子醬、小粒貝路加魚子醬、又稱為疙瘩魚卵的魴和海水鮭魚卵。

保存性肉類製品
PRESERVED MEATS

在沒有冰箱還保存食物的年代裡，人們將新鮮食物以鹽醃製再脫去水份，做為防止食物腐爛的方法，火腿就是古老年代的產品。現代人廣泛取材豬後腿肉、牛舌……等等肉品，經過鹽漬、煙燻、發酵、乾燥等各種方法來保存肉類食物，風味獨特，頗受歡迎。

種類琳瑯滿目，包括火腿、煙燻火腿、風乾火腿、圓形火腿、煙燻里肌肉、切片培根、塊狀鵝肝醬、煙燻火雞肉、鹹牛肉、煙燻牛舌、煙燻胡椒牛肉、風乾牛肉、義大利風乾香腸、里昂式肉腸、犢牛肉腸、豬肉香腸、熱狗香腸、義大利奇布里塔香腸、德國香腸、西班牙蒜味香腸等。

食用蛋類 EGGS

雞蛋 CHICKEN EGG

外殼有黃色與白色兩種，營養成分與味道特性任憑各自喜好選擇，以外形來分，有圓形蛋和長形蛋兩種：

1. 圓形蛋：蛋黃多、蛋白少，較適用於烹調。
2. 長形蛋：蛋黃少、蛋白多，較適用於蛋糕與點心製作。

另外還有鵝蛋、鴨蛋、鵪鶉蛋、鴿蛋等，皆可被當成食材入菜。

Tips:

測試新鮮度 TESTING FOR FRESHNESS

1 如果不確定雞蛋的新鮮度，可透過一個簡單實驗來檢視。

2 新鮮的蛋，因為水分含量高，所以較重。這樣的蛋在沉入水中，會停在玻璃杯的底部。

3 比較沒有新鮮的蛋，由於氣孔增大，水分透過蛋殼流失，蛋會垂直浮起，尖端朝下。

調味好夥伴

新鮮香草及香料
FRESH HERBS AND SPICES

或香甜、或微酸、或清新、或辛辣的新鮮香草以
及香料，在烹調或烘焙過程中擔任著畫龍點睛角
色。藉著新鮮香草及香料為食物提味，讓每一道
佳餚都散發出妙不可言的好滋味，

新鮮香料 FRESH HERBS

香菜

原產於地中海與亞洲一帶,但現在世界各地都有生產。多數人使用其葉部及種子部分,泰國用根部最廣泛。具有少許葛縷子香味,為咖哩主要材料之一。

茵陳蒿

產於歐洲,特別是法國,通常使用其葉部,是做醬汁、香料醋與湯品的好材料,可使用於雞肉、魚類與蔬菜,其味道好似大茴香(ANISE)的清香味。

九層塔

又稱為羅勒,產於印度與中國和台灣,大都使用其葉部,用途極為廣泛,味道近丁香咖哩,許多義大利菜經常使用,適用於肉類、海鮮、醬料中的材料。

薄荷

因品種不同,會散發出不同的氣味,如蘋果、胡椒味等,原產於地中海與西亞一帶,但現在全球各地都有生產。通常使用其葉部,用於醬汁羊肉使用或製作甜點。

香薄荷

一年四季都有生產,產於地中海一帶,一般大都使用其葉部,它含有百里香和薄荷的雙重味道,適用於調味品、肉、魚、湯品和豆類中。

鼠尾草

產於北地中海一帶的海岸邊,多用於調製餡料的香料、豬肉、乳酪、豆類、禽肉或野味的烹調。

月桂葉

產於亞洲、歐洲、美國,使用其葉部,多使用乾燥過的,適用於湯品、各種高湯與醬汁。

百里香

有多種風味,產於南歐與地中海一帶,適用於香料包、湯、醬汁、蔬菜、禽肉、魚的烹調。

巴西里

產於地中海一帶,一般大都使用其葉部,適用於醬汁與混合香料、沙拉醬汁的調味,而其根部可使用來燉高湯。

蝦夷蔥

產於歐洲較冷的區域,現在有更多其地方栽種,如美國、加拿大。通常用於湯、沙拉配料、魚和海鮮的醬汁,其花朵還可做沙拉和裝飾。

奧力岡

產於亞洲、歐洲、北美洲,又稱牛膝草。通常用於醬汁或披薩中,尤其以義大利菜使用最多。

馬佑蓮

產於地中海一帶,多使用其葉部,適用於蔬菜、小牛肉、羊肉和鑲餡中,是味道相當好的香料。

迷迭香

有著濃郁香氣的迷迭香,散發著檸檬與松樹的氣息,產於地中海,食用其葉部,法國菜經常使用它,多用於烹調羊肉與醬汁、浸漬醋和油中做烹調。

小茴、蒔蘿

屬巴西里科系，產於南歐、北歐、亞洲與臺灣，它產於天氣較冷的區域，一般使用其葉部與種子。通常用於醃泡、沙拉、魚類、肉類、醬汁。

野苣

每年生產一次，產於中東、法國。通常用於沙拉、醬汁、綜合香料。

茴香（大茴）

原產於地中海和美國，現在在許多國家都可找到，味道類似八角，通常適用於沙拉中魚或海鮮類、蔬菜的烹調。

Tips:

1. 香料束 BOUQUET-GARNI

通常用於製作高湯、沙司、燴類的菜餚。包括月桂葉、西芹、青蔥、紅蘿蔔、巴西里、百里香，使用時切成 10 至 12 公分的長度，再以細綿繩綁緊。

2. 香料袋 SACHET

用途與香料束相同，通常是將胡椒粒、月桂葉、迷迭香、百里香、巴西里、大蒜用細紗布包裹在一起，常以此法來製作高湯、燴、燉的香料包。

混合香料、調味香料及種子
MIXED HERBS 、 SPICES AND SEEDS

咖哩粉
源自於東印度，使用多種香料混合而成，有很多種風味，許多國家烹飪經常使用它。

山葵（辣根）
使用時先磨碎、再加鮮奶油、醋、美奶滋，通常用於冷肉、冷海鮮（白辣椒醬），日本人常用於生魚片（綠芥茉醬）。

芹菜種子
從芹菜中取出、乾燥。產於義大利，有少許苦味，通常用於湯或燴菜類。

茴香種子
主要產於地中海與美國，取自茴香，散發濃厚香氣，具有八角風味，使用在魚類、咖哩、蘋果派的烹飪。

蒔蘿種子
產於南歐。用來做沙司、海鮮、湯類和魚類的烹調。

紅椒辣粉
產於中南美洲、法屬蓋亞那的一種熱帶辣椒，經過乾燥後磨成粉，辣椒濃郁，用於調味料。

花椒
產於中國，它具有芳香的氣味，有很多種風味，常用於中式料理，尤其四川菜使用最廣泛的香料。

香草
是一種攀登型菊花的果實叫香草豆，生長在中南美洲，通常用它來做甜點的醬汁、蛋糕、巧克力布丁。

肉荳蔻
產於印尼、馬來西亞，適用於烘焙、鮮奶、水果；蔬菜，尤其烹煮馬鈴薯使用更美味。

丁香
具有特殊香味，用在點心與酒的製作、燒烤豬腿或火腿，都很有特色。

大蒜頭
用來製作調味料或製作菜餚，常被廣泛使用。

肉荳蔻皮
它取自於肉荳蔻外表的紅色膜瓣，味道類似肉荳蔻，曬乾後即轉為淡黃色，使用時研磨成粉狀。

肉桂
取自於肉桂外表曬乾，可磨成粉使用，產自錫蘭，通常用在點心與麵包上，尤其是製作蘋果派。

匈牙利紅椒粉
產於南美一種椒類、味道有淡辣、淡味、甜，匈牙利有許多名菜均使用它。

嬰粟種子
產於東南亞一帶，如泰國緬甸等國家，通常用於麵包類、印度菜、猶太菜。

小茴香
產於尼羅河上游，味道稍苦，是一種常用香料，尤其在亞洲、地中海、中東一帶，是調製咖哩粉時不可或缺的。

香菜種子
產於南歐、東南亞、中東一帶，通常將它烘乾攪碎或磨粉使用。

番紅花
取自番紅花花蕊、它具有特殊的香味，是一種非常貴的香料，味道帶苦，能為食品染色。

小荳蔻

具有特殊的香味，通常製作咖哩粉會使用它。

牙買加胡椒

產自西印度區與牙買加，具有多種不同香料味道，使用時可壓碎或磨粉。

鬱金根粉

又稱薑黃，以鬱金根部（屬於薑科）、烘乾成粉（黃色），是做咖哩粉、調色與調味的材料。

葛縷子

許多烤類會使用，德國、奧地利、匈牙利菜很多都會使用它，亦可製作麵包、乳酪、蛋糕。

八角（茴香）

產自中國，具有特殊的香味，通常使用它做為滷製品與醃泡、釀造八角酒（ANISETTE）。

薑

味道辛辣，有去腥、去寒作用。

杜松子

又稱苦艾，可用來製造琴酒與烹調野味用。

辣椒粉

取辣椒樹果實曬乾磨成粉，是一種辣的香料。

胡椒粒：

目前胡椒分青、粉紅、白、黑為四種如下：

1. 青胡椒粒：質地較軟，是將未成熟的青色的果實醃浸於水中製作罐頭，或乾燥後製成。
2. 粉紅胡椒粒：青胡椒粒變紅時採下、烘乾，可製作醬汁也做為配飾用。
3. 白胡椒粒：是從完全熟成的果實，經過去皮乾燥後製成。
4. 黑胡椒粒：是從青胡椒粒未完全熟成的果實，予以乾燥至表皮總縮成黑色。

烹調好夥伴

乳類與油脂類
DAIRY AND FAT

清新的、溫馨的、香濃的乳製品和起士，是歐美人日常飲食的重要素材，還會以簡單、容易的製作方法，將它們和甜品、菜餚結合，製作出各色別具心思、令人回味的誘人食物。

乳類與油脂類 DAIRY AND FAT

不帶鹽分牛油：
較適合烹調、點心、麵包使用。

帶鹽分牛油：
帶些鹹味，較適合烹調用。

豬油：
豬的肥肉加熱融化，澄清過，硬度較牛油及瑪琪琳低，適用於烘烤或油炸食品時使用。

瑪琪琳：
是牛油的替代品，可從動物或植物的油提煉出，適用於麵包或點心的製作。

鮮奶油：
取自於新鮮牛奶表面的油分，可分為單品奶油與雙品奶油，許多菜的烹調都有用到，包括西點蛋糕和許多醬汁的應用。

牛奶：
一般分為全脂和脫脂，可做為飲料、點心、菜餚。

酸奶油：
通常是將牛奶加溫消毒後，取其飄浮物，並加上酵母菌使其濃度變稠，大部份用在烹調與當配料使用。

優酪乳：
一般常稱酵母乳，是在凝固的牛奶中加入乳酸菌製成，通常用在早餐或水果一起食用。

打發鮮奶油：
此種奶油是用單品與雙品奶油混合打發而成，通常用於點心、醬汁和配料使用。

起士 CHEESE

康門伯起士：
是一種有名的法國起士，大多數用來做點心或小吃，其油份有 21%，表層有白毛，即是起士外結有一層如絨毛的毛狀體。

伯瑞起士：
法國產的起士，具有奶油水果的香味。通常用來做酒會的小點或飯後小點心，其油分約有 28% ～ 30%。

瑞柯達起士：
義大利的起士，一種半熟性的起士，口感上較滑嫩，味感溫順，通常用在甜點和烹調方面。

瑪斯卡邦起士：
義大利出產一種新鮮而軟的起士，味道清淡、溫順、常用在點心上，如提拉米蘇 (TIRAMISU)。

莫札里拉起士：
義大利傳統式的半熟起士，從牛乳中提煉出，味感溫順、奶油味重，通常適用於烹調，如沙拉、披薩、烤麵包、三明治等。

白屋起士：
外形成粒狀，味感溫順，凝結在一起的起士。奶油味重，通常常用於起士蛋糕、水果沙拉等。

奶油起士：

屬於一種新鮮半熟性的起士。從牛乳中提煉出，味感溫順，許多國家都有出售，它適合用於起士蛋糕。

伯生起士：

法國產的一種高乳味起士，油分佔 36%，通常有三種風味，如香料、大蒜、胡椒，一般食用時會附帶餅乾。

湯米葡萄乾起士：

法國產的起士，從牛乳中提煉出，外層有葡萄乾包裹，呈黑色，是一種非常好的點心用起士。

波特沙露起士：

法國產的一種黃皮起士，從牛乳中提煉出，是一種很好的飯後點心和飲酒時搭配的小吃。

巧達起士：

英國最有名的起士，從牛乳中提煉出，味道從溫和到強烈，適合小吃和烹飪用。

葛瑞耶起士：

從牛乳中提煉出，瑞士人常用來做非常有名的瑞士火鍋 (FONDUES) 與醬汁。

依門塔起士：

是世界非常有名的瑞士起士，從牛乳中提煉出，有乾果的風味，通常用在瑞士起士火鍋或飲酒用小點。

亞當起士：

從牛乳中提煉出，它是一種圓球型而外面包一層紅色的臘，一般用來當酒會的小吃或烹調用。

勾塔起士：

產自法國，用羊奶與少許牛奶製成，用來當酒會的小吃或烹調用。

哥達起士：

產自荷蘭，世界上很有名，從牛乳中提煉出，它可新鮮時吃或處理後食用，通常用在小吃或酒會。

帕瑪森起士：

成顆粒狀型態，從牛乳中提煉出，通常做成很大的圓桶型，都將它攪碎後使用。大部分用來烹飪。

歌歌祖拉起士：

在起士中有許多呈條紋狀的綠色物，味道強又濃，通常用在點心小吃、沙拉或是將它攪碎後撒在食物上加以烘烤。

拉克福藍莓起士：

法國出產的藍莓起士，也是被公認最好的起士，又稱為 (起士之王)。從牛乳中提煉出，味道強又濃，通常用在飯後點心、小吃、沙拉與調味料。

煙醺依門塔起士：

瑞士出產的一種長條型香腸式包裝，具有獨特的煙醺風味，通常用在酒會小點。

丹麥藍莓起士：

產自於丹麥，從牛乳中提煉出，味道強，奶油成份高而且鬆軟，通常用來做點心與沙拉調味汁。

起士作法

它的原料是奶汁 (乳牛、山羊、綿羊和野牛的乳汁都可使用)，將凝乳 (CURDS) 從奶清 (CURDS) 分開後製成，凝乳經過壓縮後，再靜置成熟，就轉變成起士。

Chapter3

刀具的使用
與切割法
USING AND CUTTING

刀具，也可以影響烹調味道。

正確使用刀具切割食材，不僅可保持食材美感，還能保存營養成分。因此學習做菜前，別忘了先學正確運刀法，也要充分認識食材的質地軟硬程度，選擇適用的刀子，才能享受做菜的樂趣。

刀的使用 KNIFE USE

刀的運用方式
KNIFE APPLICATION

1 握刀時手要正。所謂心到、眼到，手到。

2 左手握被切物時，刀口微微向外。

3 左手握被切物時，需握牢並且手指向內彎曲。

4 儘量使用刀的前半部來切割。

5 切時儘量用刀身來推動左手的手指彎曲部分，如此可將被切物的厚度切的較為平均。

6 被切割的物體需注意它的型狀，長圓型、葉片型或球型均有不同的切割方式，如長型刀嚴禁用於砍大型骨頭，以免刀子缺口或斷裂。

7 要切碎時，通常是以右手握著刀柄，左手輕壓刀頭再用右手快速上下壓動，扇形移動，而左手穩著刀如此可將較小的物體切碎。

握刀方式示範：

❶（後四指順著刀柄）　❷（大拇指放於刀柄連接處）　❸（左手握被切物時，刀口微向外）

 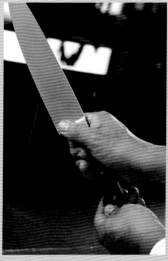 

刀的保養使用
KNIFE UPKEEP

使用刀前須磨利，通常磨刀方法有磨刀石、磨刀機、磨刀棍三種

1. 磨刀石
GRIND STONE

最常用一種，分為細面磨刀石和雙面磨刀石（一面粗、一面細）。
磨的時候先將刀石放置平穩，刀石上先淋些水，再將刀放上，刀口微微向下壓著再前後推動，兩面都需平均磨動（隨時再淋些水），磨刀石才不會乾燥。最後將刀洗淨、擦乾備用。

2. 磨刀棍
MILL KNIFE STICK

也是一種常用磨刀器具，它能在短暫時間內將刀暫時磨利，但無法持久。使用以左手握緊，大拇指頂在護手下，將磨刀棍頭朝上，然後再用右手拿著要磨的刀，貼在護手的刀棍上方，向上靠緊並來回的拉動，即可將刀子磨利。磨好後，要將刀上水分擦乾，放入定位。

3. 磨刀機
KNIFE GRINDER

將電源打開後，磨石會轉動，再將刀口靠近，磨刀時要小心謹慎，才不會傷害刀口，造成刀子歪曲或斷裂，一般而言避免使用此方法。

Tips：得心應手的用刀方法

1 正確的用手緊握刀柄，但需保持彈性。

2 使用刀時，不可一心兩用，眼睛要注視著被切物。

3 使用刀時絕對禁止拿刀對人或開各種玩笑。

4 隨時保持刀的銳利。

5 用刀時應在木製或塑膠切板上，不可在不鏽鋼或大理石桌面切。

6 不同的刀有不同使用方式，如長型刀嚴禁用於砍大型骨頭，以免刀子缺口或斷裂。

7 刀使用完後，放於切板時，刀口請朝向切板。

8 刀使用完畢，不可浸泡水中或砍至切板上，以免造成危險。

9 刀使用完後，必須清洗、並擦乾，再放入刀盒內，養成好的習慣。

雞的切割法 CHICKEN CUTTING

雖然市場雞商都有幫忙去骨的服務，但是想要打好基礎，
如何處理雞肉仍是必學的工夫。

全雞的處理方式：

1 雞（全雞）。

2 先去雞頭。

❸（取翅膀）　❸（去雞腳）

3 將雞放置砧板上，取下翅膀，去雞腳。

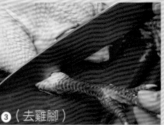

4 胸部朝上，雞脖子處劃開成兩半。

5 從大腿與胸部連接處，以刀劃開。

6 翻到背部，以刀劃開。

7 脖子處劃開。

8 刀尖沿著雞胸骨處，貼著骨與肉之間劃開，再將雞胸肉小心沿著骨邊取下。

9 從腿與胸中間，將雞腿和雞胸肉切開。

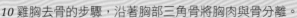

10 雞胸去骨的步驟，沿著胸部三角骨將胸肉與骨分離。

11 取腿骨肉的步驟，

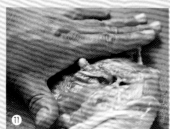

虎口壓住骨頭頂端，　　　　　刀尖沿骨頭劃一刀，　　　　沿骨頭邊切開，把骨頭完全　　12 去骨腿肉剃筋肉，腿
　　　　　　　　　　　　　　　　　　　　　　　　　取出，肉不切斷。　　　　　　膝部剃去腳骨留膝部，

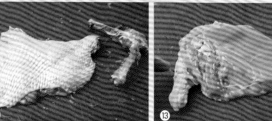

留膝部是為避免煎腿肉時整塊肉收縮起來。　　　　13 取帶骨雞胸翅肉步驟，從翅骨邊緣切開，讓處理胸肉時
　　　　　　　　　　　　　　　　　　　　　　　　　　是平面的，才容易煎熟。

半雞的處理方式：

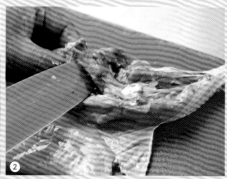

1 先切胸部三角骨，讓胸肉與骨分離。　　2 虎口壓住骨頭頂端，刀尖延骨頭劃一刀，　　3 半雞去骨僅留雞翅骨與雞腿
　　　　　　　　　　　　　　　　　　　　　順骨頭邊切開，把骨頭取出，肉不切斷。　　　膝部分。

魚的處理法 FISH CUTTING

整條魚從去鱗、去鰓和如何分離皮與肉，都是技巧，熟能生巧，
多多練習是不二法則。

切割魚的方式：

1 魚去鱗，從魚尾往上刮除鱗片。

2 去內臟、鰓，用剪刀剪開腹部至鰓處，把內臟整個取出。

3 魚放在砧板上，從魚鰭頭部橫切一刀。

④（緊貼）

4 刀緊貼魚背從背部一刀劃下取肉。（刀要靠著魚骨，肉才不會黏在骨頭上）

④（劃下）

④（剖開）

④（取肉）

5 取出切好的魚肉。

6 接下來取魚皮，自尾部刀面與尾呈 80 度。

7 將魚尾皮與肉分離，不要切斷魚皮。

8 拉住魚尾皮一邊拉一邊分離魚肉與魚皮。

9 完成。

蔬菜切割法 VEGETABLE CUTTING

塊 cube
約 2 公分不規則正方形，常用
在製作高湯或基本的沙司或
烤大型肉類時用，如雞高湯、
褐色牛骨湯、燒烤牛肉等。

 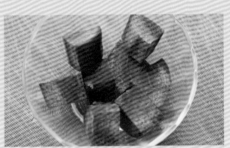

大丁 large diced
約 1.5 公分正方形，通常用於
製作高湯或沙司或烤小型家
禽及肉類，如肉汁、烤雞、
燒烤豬排等。

丁 diced
約 1 公分正方形，通常用在主
菜的配飾、沙拉或沙司使用，
如用於什錦蔬菜或華爾道夫
沙拉之蘋果、芹菜的切法。

中丁 medium diced
約 0.6 公分正方形，通常用在
主菜的配飾、釀餡或沙司用。

小丁 small diced
約 0.3 公分正方形，通常用在
主菜的裝飾、釀餡或沙司用。

從塊到丁（左至右）

1. 塊
2. 大丁
3. 丁
4. 中丁
5. 小丁

丁片 paysanne

約 1.5 公分正方形切成 6 片，通常用在各式蔬菜湯中與主菜的配菜。

絲 julinne

切成厚度約 0.1 ～ 0.2 公分，長度約 5 公分之細條稱之為絲。通常用於醬汁或湯的配飾等。

碎 chopped

先切成片狀，再切成絲，然後再切成碎狀，通常用在炒醬汁、炒蔬菜、或配飾等。

火柴棒 matchstick

切小丁之前時常用到，可製作醃漬泡菜。

蔬菜切割法 VEGETABLE CUTTING

蔬菜切割應用：

蒜苗切片

1 縱向對半剖開。

2 剖開圖。

3 切片。

高麗菜切丁

1 高麗菜切成大片，先壓平。

2 順著邊切條。

3 切丁。

洋蔥碎的切法

1 對半切，縱切留約 1/5 不要切斷。

2 將切成片的洋蔥，稍稍按緊，
使其不要散開。

3 切碎。

馬鈴薯切片

1 對半切開。

2 切薄片。

番茄去皮取肉去籽

1 削皮。

2 去皮後，將頭尾切去，用平刀沿著番茄果肉層切下，取果肉。

3 取果肉後，即可去籽。

橄欖型切法

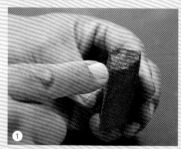

1 切成如圖的三角弧柱體。

2 刀握法。

3 拇指頂在紅蘿蔔內面，從三角的一角先削。

4 從外削到內，把三個角削成有弧形。

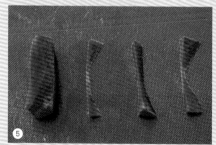

5 削下來的皮肉形狀。

6 比較圖，從右開始削至左為完成。

7 完成圖。

刀類介紹 KNIFE INTODUCTION

21cm 主廚刀
CHEF KNIFE
稱西餐刀，可分為片刀與厚刀
片刀：用於無骨肉類、蔬菜。
厚刀：用於切塊、丁、剁等。

25cm 主廚刀
CHEF KNIFE

23cm 主廚刀
CHEF KNIFE
西餐刀有不同長短與等級，
大小長度有 18 ～ 30 公分。

廚刀
KITCHEN KNIFE
比較薄尖細長廚刀，可用
來取魚肉、去筋、去皮。

沙拉刀
SALAD UTILLITY KNIFE
專門切蔬菜類。

麵包刀
SAW KNIFE
主要為切麵包、派類。刀刃
成齒狀,使用割鋸方式切法。

小刀
UTILLITY KNIFE PARING
屬於小型刀,主要功能為削
皮、 大小、去梗、挑菜、雕
刻用。

去骨刀
BONING KNIFE
主要是分解肉與骨,還有刮去
黏在骨頭上的肉碎,它的刀刃
是所有刀中最間堅硬,成尖型。

刀類介紹 KNIFE INTODUCTION

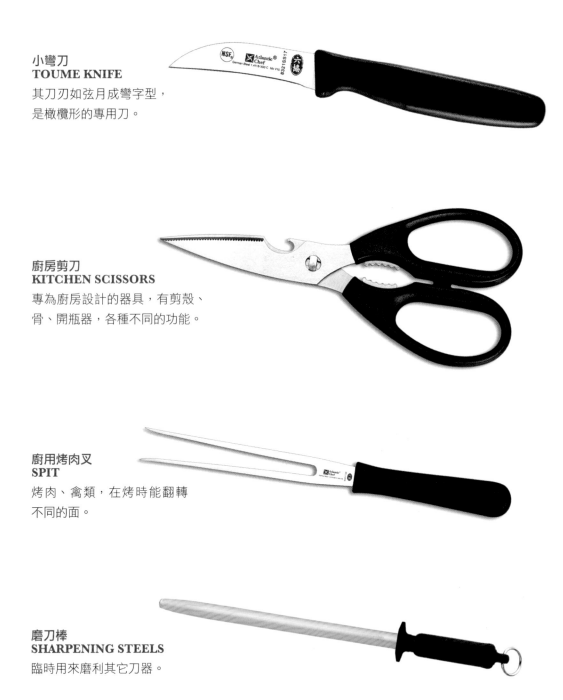

小彎刀
TOUME KNIFE
其刀刃如弦月成彎字型，
是橄欖形的專用刀。

廚房剪刀
KITCHEN SCISSORS
專為廚房設計的器具，有剪殼、
骨、開瓶器，各種不同的功能。

廚用烤肉叉
SPIT
烤肉、禽類，在烤時能翻轉
不同的面。

磨刀棒
SHARPENING STEELS
臨時用來磨利其它刀器。

小鋸齒刀
SMALL SERRATED
專為取果肉用途，刀片
韌性高。

生蠔刀
OYSTER KNIFE
刀刃鈍，刀身短硬，
專門用來開蠔殼用。

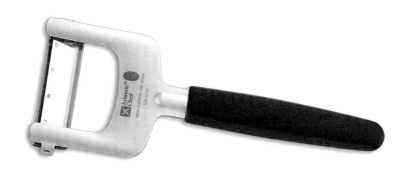

多功能刨刀
VERSATILE PLANER TOOL
可以把根莖葉刨成片、絲、條或
蜂巢狀，如馬鈴薯、紅蘿蔔、芋
頭等。

奶油刮刀
BUTTER ROLLER
專為刮奶油塊成捲狀。

Chapter4

西餐烹飪技巧
COOKING TECHNIQUES

西餐烹飪，不僅要有技巧，也是門藝術表現。

水煮或汆燙、燜煮或燉煮、燒烤或炎烤⋯⋯，運用各種烹調技法，能讓菜餚呈

現出色香味俱全的豐富口味，也讓人有味覺、嗅覺和視覺一次滿足的幸福感受。

烹飪技巧是西餐初學者必須認識重要細節，因為它包括了各種烹調技巧，如果能完全了解，並能運用。打好烹飪基礎，對於實際操作會有相當大的幫助。

1. 汆燙 BLANCHING

將食物用很短時間在滾水中燙一下（水的溫度約 100℃，212℉），馬上冷卻或浸入冷水中，準備炒或燴。大部分蔬菜，很適合汆燙，不僅能維持色豔度，汆燙時加入少許鹽，還可防止養分流失，也能保留著蔬菜的礦物質與維生素。

2. 水煮 BOILING

有效率，又不會將食材煮成焦褐色烹調方式。水煮食物的方法是待水滾後再放食材。水煮方式有三種，其中小火慢煮將水溫控制在 85℃ ～ 100℃，適用魚肉與蔬菜類；中火煮是將溫度控制在 95℃ 左右時，把食材放下烹調；大火煮是用滾水或高湯將食物烹煮到熟或軟爛，溫度控制在 100℃。

3. 蒸 STEAMING

在烹調中使用很頻繁，特別的是用「蒸」的方式烹調魚類、家禽、肉類和蔬菜類、點心類時，還可保有食物的原味，相當符合現代人的需求。

4. 煎或炒 SAUTEED OR PAN FRYING

煎：將食物放在油上後，兩面煎上色後，放入烤箱烤。烹調出的食物口感比較鮮嫩。

Tips
因肉、魚或家禽類，通常肉的形狀都是厚片，所以不易煎熟，需要烘烤來輔助。

炒：在平鍋中加少許油，炒的方式一般將材料切成片狀，然後在熱油中翻動。

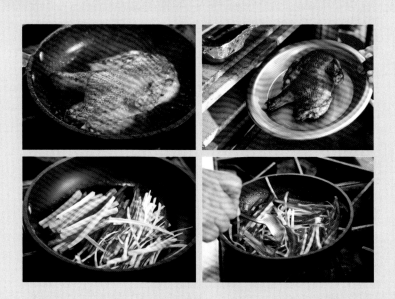

5. 油炸 DEEP-FRYING

將食物放進高溫的油內炸烹調方式。最佳油溫為攝氏 160 ～ 180℃，測試油溫可以在冷油時放入洋蔥片，等待炸到金黃時油溫即差不多為 160 ～ 180℃

❶（冷油）　❷（放入洋蔥片）　❸（油熱）　❹（炸至金黃）　❺（油溫達標準）

Tips

油炸時需注意事項

1 使用的油量，不要超過鍋子容量的 1/2。

2 食材要弄乾後再炸，避免熱油噴濺。

3 食材放進油鍋時，動作要輕盈，避免熱油飛濺。

4 油炸食物時，不可一次放太多，才能維持原本溫度。

5 將食物從熱油取出時，要以濾網或油炸籃撈起。

6 油炸食物時，不可一次放太多，才能維持原本溫度。

6. 燜煮與燉煮 BRAISING AND STEWING

這兩種烹調方式，適合用於質地較堅硬的肉塊、 較老的牛肉或多纖維的蔬菜。燜煮與燉煮，幾乎是相同
烹調技巧，主要差別是燜煮使用液體量較少，煮的是較大肉塊。燉煮使用較多液體，煮的是小塊的肉類。

7. 燴煮 STEWING

燴與燜的方式略同，差別在於溫度控制與材料的大小。通常是將肉切成小塊或將蔬菜、水果類或果醬倒
入燴鍋中用中小火煮，溫度控制在攝氏 110 ～ 140℃。

---

8. 燒烤 ROASTING

燒烤是用乾燥的高熱，將食物表面烤成褐色，內部多汁美味。以爐檯烤箱為例，燒烤前，食材先煎上色，
同時烤箱要先預熱烤爐、一開始開始烤箱溫度調至 350 ～ 450 °F，要完成時調為 280 ～ 380 °F。

❶（先煎） ❷（上色） ❸（取出）

❹（入烤箱） ❺（完成）

9. 碳烤 CHARCOAL GRILLER

碳烤和燒烤都是以燃燒木材或木炭，經由烤架以烤爐的鐵條傳熱產生的熱源來烤肉類、蔬菜類，烤好的食材常會有條紋的烙印。

Tips: 碳烤時食物要放少許油質，溫度約在 220~320℃ 左右。

---

10. 鑲餡 STUFFING

肉類、貝類、魚類、禽鳥類，與許多種類的蔬菜結合。若能先填入鹹味的餡料，再來烹飪，更具特色與美味。肉漿或魚漿與蔬菜等一起混合攪拌均勻作為餡料，欲鑲餡的肉品從中間戳一個洞，將混合攪拌好的餡料塞入。

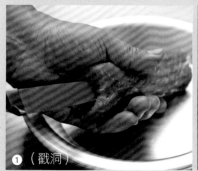

❶（戳洞）

❷（塞入餡料）

❸（完成鑲餡）

11. 肉類嫩化處理 TENDERING

許多肉類與禽鳥類切塊,必須先軟化,再來烹調。最常用的方式有兩種,一是將肉浸泡在醃醬 (Marinades) 裡,不但增添風味,還有保濕作用。

另一種嫩化方式是將新鮮木瓜醃漬在肉塊上,取木瓜皮和洋葱、西芹、紅蘿蔔切小塊鋪在肉上搓揉一下,(增加風味)豬肉大約 15 分鐘,牛、羊肉(較硬的肉)大約 30 分鐘,也可再加少許的沙拉油。

此外,也可用力敲打肉塊,來破壞肉裡的肌束 (MUSCLE BUNDLES) 以軟化肉質。

❶(取木瓜皮)

❷(皮切小片)

❸(醃漬在肉上)

12. 基本慕斯做法 (肉類、魚類、海鮮類)
BASIC FORCEMEAT MOUSSELINE (MEAT、FISH、SEAFOOD)

基本材料:鮮魚 200 克、鮮奶油 60c.c.、蛋白 1 個、胡椒鹽 2 茶匙、白酒 40c.c.
作　法:將魚肉切丁,加鮮奶油、白酒、胡椒鹽、蛋白,以食物調理機一起打成泥狀。打好魚漿以細網過濾,將魚肉筋去除,過篩後口感會較細膩。

❶(備料)

❷(打漿過濾)

Chapter5

基本高湯製作
BASIC STOCKS

西式料理中，最基本也最講究的就是高湯了。不同的料理使用以不同食材、不同手法熬煮的高湯，高湯是菜餚鮮美的重要關鍵，不但不會干擾食材原味，還能提升食材的美味。因此味鮮色美的高湯，也可協助廚房新手做出一道道令人食指大動的佳餚。

蔬菜高湯
Vegetable Stock

材料：

飲用水 3 公升 WATER	番茄 60 公克 TOMATO
洋蔥 240 公克 ONION	百里香 5 公克 THYME
西芹 210 公克 CELERY	月桂葉 3 片 BAY LEAF
紅蘿蔔 150 公克 CARROT	巴西里梗 2 支 PARSLEY STICK
青蒜 80 公克 LEEK	白胡椒粒 5 公克 WHITE PEPPER CORN
洋菇 80 公克 BUTTON MUSHROOM	鹽 3 公克 SALT

作法：

1 將洋蔥、西芹、紅蘿蔔、青蒜、洋菇、番茄洗淨，切成大丁，巴西里梗切段。（飲用水、百里香、月桂葉、番茄、鹽、白胡椒粒備用）。

2 取一鍋，將水、所有蔬菜與香料一起放入，一起拌勻，開大火，煮滾後，轉中小火，水煮滾後再煮50～60分鐘。隨時將多餘的雜質清除。

3 用篩網將湯過濾即可。

雞骨白色高湯
Chicken White Stock

材料：

雞骨 1.5 公斤
CHICKEN BONE

飲用水 3 公升
WATER

洋蔥 160 公克
ONION

西芹 80 公克
CELERY

紅蘿蔔 80 公克
CARROT

蒜白 30 公克
LEEK WHITE

百里香 5 公克
THYME

巴西里梗 2 支
PARSLEY STICK

月桂葉 3 片
BAY LEAF

丁香 3 粒
CLOVES

鹽 3 公克
SALT

白胡椒粒 3 公克
WHITE PEPPER CORN

作法：

1 將雞骨剁成 6 公分小段後洗
　淨，洋蔥、西芹、紅蘿蔔、
　蒜白切大丁。

2 取一湯鍋，放入水煮滾，雞
　骨放入汆燙去血水、雜質後
　取出洗淨（殘渣去除）。

3 將骨頭放入湯鍋中，將水與
　所有蔬菜、香料加入。

4 先大火煮滾，再以中小火慢煮
　1 小時 20 分鐘，並隨時將多餘
　的油分清除。（水需蓋過骨頭）

5 將熬好高湯，以細的過濾網將湯過濾即可。

魚骨白色高湯
Fish White Stock

材料：

魚骨 1.5 公斤
FISH BONE（較無油脂的魚較佳，如石斑、鱸魚）

飲用水 3 公升
WATER

洋蔥 160 公克
ONION

西芹 80 公克
CELERY

蒜白 60 公克
WHITE LEEK

百里香 3 公克
THYME

巴西里梗 2 支
PARSLEY STICK

月桂葉 3 片
BAY LEAF

丁香 1 粒
CLOVES

白胡椒粒 3 公克
WHITE PEPPER CORN

白酒 80c.c.
WHITE WINE

鹽 3 公克
SALT

作法：

1 魚骨切成 6 公分小段，用水洗乾淨，用熱水汆燙後，將污水去除。（汆燙的時間比雞骨、牛骨時間更短，只需汆燙表面讓血水凝固，湯汁較不會變成褐色。）

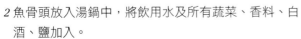

2 魚骨頭放入湯鍋中，將飲用水及所有蔬菜、香料、白酒、鹽加入。

3 以大火煮滾，再改成小火，煮滾後再煮 50～60 分鐘。

4 隨時將多餘油分清除。（水需蓋過骨頭）

5 用篩網將湯過濾即可，需注意魚骨不能壓。

小牛骨白色高湯
Veal White Stock

材料：

小牛骨 1.5 公斤
VEAL BONE

飲用水 10 公升
WATER

洋蔥 160 公克
ONION

西芹 80 公克
CELERY

紅蘿蔔 80 公克
CARROT

青蒜 30 公克
LEEK

百里香 5 公克
THYME

巴西里 2 支
PARSLEY STICK

月桂葉 3 片
BAY LEAF

丁香 2 公克
CLOVES

白胡椒粒 3 公克
WHITE PEPPER CORN

鹽 3 公克
SALT

作法：

1 將小牛骨切成 6 ～ 10 公
分小塊狀，用水洗乾淨。

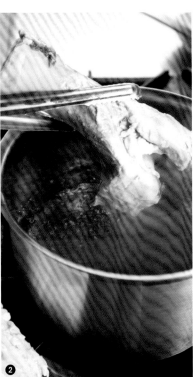

2 用熱水汆燙約 3 分鐘，
去雜質。

3 骨頭放入湯鍋中，將飲用水及所
有蔬菜大丁、香料、鹽加入，先
以大火煮滾，再用小火慢煮 6 ～ 8
小時，並隨時將多餘的油份清除。

4 用篩網將湯過濾即可。

牛骨褐色高湯
Veal Brown Stock

材料：

牛骨 5 公斤
BEEF BONE

小牛高湯 8 公升
VEAL BEEF STOCK

飲用水 10 公升
WATER

洋蔥 250 公克
ONION

西芹 160 公克
CELERY

紅蘿蔔 160 公克
CARROT

青蒜 80 公克
LEEK

百里香 3 公克
THYME

巴西里梗 2 支
PARSLEY STICK

月桂葉 3 片
BAY LEAF

丁香 2 公克
CLOVES

黑胡椒粒 3 公克
BLCK PEPPER CORN

鹽 3 公克
SALT

番茄糊 100 公克
TOMOTA PASTE

作法：

1 將牛骨切成 6～10 公分小塊狀，洋蔥切 2 片圓厚片與小丁。西芹、紅蘿蔔、青蒜切大丁，巴西里梗切段（飲用水、百里香、月桂葉、丁香、鹽備用）。

2 取一烤盤，將洋蔥丁、西芹、紅蘿蔔丁、青蒜鋪底，將牛骨和番茄糊放在上面。烤箱預熱至 180℃，放入烤箱中烤至骨頭呈褐色。（預熱後，約烤 30 分鐘）。

4 將巴西里梗、百里香、月桂葉、丁香、黑胡椒粒、加入作法 2 烤過的食材，以及作法 3 的洋蔥片，再加入小牛高湯、飲用水、鹽，一起攪拌均勻。

3 鍋中放少許油，油熱後把洋蔥圓厚片煎成焦糖化，與烤好材料，一起放入鍋內。（焦糖化，是指表面成焦黃色，可增加湯汁的風味）

5 將所有材料拌均勻，以大火熬煮，至滾。轉成中小火，熬煮 8～12 小時，（煮至骨髓與牛筋溶解）。

6 將熬好高湯，以粗篩網將高湯過濾，即可。

蝦湯
Shrimps Bisque

材料：

魚高湯 2 公升
FISH STOCK

飲用水 1 公升
WATER

打碎小蝦頭 2 公斤
SHRIMPS HEAD CRUSHED

紅蘿蔔丁 120 公克
DICED CARROT

洋蔥丁 200 公克
DICED ONION

西芹丁 100 公克
DICED CELERY

青蒜切段 100 公克
LEEK

番茄糊 120 公克
TOMATO PASTE

白酒 200c.c.
WHITE WINE

百里香 3 公克
THYME

月桂葉 3 片
BAY LEAF

羅勒 10 公克
BASIL

黑胡椒粒 5 公克
BLACK PEPPER CORN

壓碎大蒜 10 公克
GARLIC CRUSHED

沙拉油 90 公克
SALAD OIL(也可用一半奶油一半沙拉油)

作法：

1 烤箱預熱至 180℃，烤蝦頭約 20 分鐘上色。

2 將沙拉油放入鍋中加熱，放入洋蔥、大蒜先炒香，再把其他蔬菜放入，約炒 2 分鐘。

3 加入百里香、月桂葉等香料，倒入烤好的蝦頭與番茄糊，拌炒均勻。

4 加上白酒、飲用水、高湯，以大火煮滾，再以小火煮約 50 分鐘。

5 撈出所有材料，用調理機打碎（瞬間打約 2～3 次），再倒回湯裡以小火煮滾，用細網過濾即可。

Tips:

此配方，也可以用龍蝦頭或甲殼類來製作（龍蝦湯）。

雞肉清湯
Chicken Consommē

材料：

全雞 800 公克 CHICKEN	紅蘿蔔 100 公克 CARROT	蛋白 3 個 EGG WHITE	丁香 3 粒 CLOVE	鹽 3 公克 SALT
洋蔥 200 公克 ONION	青蒜 80 公克 LEEK	百里香 3 公克 THYME	黑胡椒粒 2 公克 BLACK PEPPER CORN	
西芹 100 公克 CELERY	巴西里梗 10 公克 PARSLEY	月桂葉 3 片 BAY LEAF	雞骨白高湯 3 公升 CHICKEN STOCK	

作法：

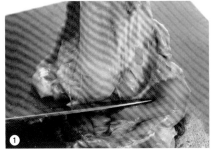

1 雞洗淨，去骨、皮去油後、取肉。

2 雞肉切 2 公分寬後再切小碎丁。

3 洋蔥切 2 片圓厚片。洋蔥、西芹、
紅蘿蔔、青蒜、巴西里梗切碎。

4 取一鋼盆，放入雞肉碎、與所有
蔬菜碎，香料、蛋白、鹽一起拌
均勻。蛋白有吸附雜質的作用。

5 取一煮鍋，放入冷雞高湯、作法
4 的材料，一起攪拌均勻。開中
火，煮至沸騰，隨時攪拌均勻，
攪拌至呈現泡沫，等湯上有凝固
物浮上，就可關小火慢煮約 2 ～
3 小時。（一定要先拌勻後才能
開火煮，雞湯溫熱前可以一邊攪
拌，滾後凝固物浮上就不能再攪
拌了）

6 洋蔥切圓厚片，煎成焦糖化，待
湯煮至凝固狀時，先從凝固平面
撥一個小洞，再把洋蔥放入。

7 將溫度稍微調降，繼續煮 2 ～ 3
小時，煮時不可再攪拌，也不可
沸滾（控制在小火小滾狀態）。

8 紗布鋪兩層放篩網上過濾清湯。

9 清湯過濾後，把浮油渣撈起（不
可有油）。

牛肉清湯
Beef Consommē

材料：

牛臀肉 1000 公克
BEEF RUMP

洋蔥 250 公克
ONION

西芹 120 公克
CELERY

紅蘿蔔 120 公克
CARROT

青蒜 100 公克
LEEK

番茄 10 公克
TOMATO

巴西里梗 10 公克
PARSLEY STICK

月桂葉 3 片
BAY LEAF

蛋白 4 個
EGG WHITE

百里香 3 公克
THYME

迷迭香 2 公克
ROSEMARY

丁香 3 粒
CLOVE

黑胡椒粒 2 公克
BLACK PEPPER CORN

小牛骨高湯 3 公升
VEAL STOCK

鹽 3 公克
SALT

作法：

1 將牛肉剁碎 (攪碎亦可)。

2 洋蔥切 2 片圓厚片。洋蔥、
西芹、紅蘿蔔、青蒜、番茄、
巴西里梗分別切碎。

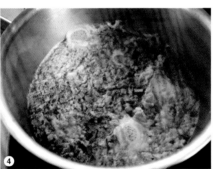

4 取一煮鍋，放入冷小牛骨高湯、
作法 3 的材料， 一起攪拌均勻。
開中小火煮，隨時攪拌均勻，攪
拌至呈現泡沫，等湯上有凝固物
浮上，就可關小火慢煮。

6 將溫度微調降，續煮 3 ～ 4 小
時，煮時不可再攪拌，也不可
沸滾 (控制在小火小滾狀態)。

7 紗布鋪兩層放篩網過濾清湯。

8 清湯過濾後，把浮油渣撈起 (不
可有油)。也可以先將煮好的
清湯放入冰箱，冰過之後油會
浮起，較容易撈除。

3 取一鋼盆，放入牛肉碎、與
所有蔬菜碎、香料、蛋白、
鹽一起拌均勻。(肉攪拌時
可放一些冰塊，避免蛋白太
早熟無法吸附雜質。)

5 洋蔥切圓厚片，煎成焦糖化後，
放入鍋內。

Chapter6

基本醬汁製作
BASIC SAUCE

基本醬汁稱為母醬汁，可衍生出很多的子醬汁。從番茄醬汁、牛肉濃湯、蛋黃醬汁……，醬汁對於西餐的調味，擔任相當重要的作用，甚至可以決定菜餚的好吃與否。只要醬汁製作得好，料理必定大大加分。

醬汁
SAUCE

醬汁可說是西餐的靈魂，以肉類熬煮而成的汁液
或高湯，加上其他佐料，就可以調配成各種基本
醬汁，用來提點或補足食物味道的不足。

基本褐醬汁
Basic Brown Sauce

材料：

牛骨褐色高湯 600c.c.
BROWN STOCK

高筋麵粉 45 公克
BREAD FLOUR

澄清奶油 30 公克
CLARIFIED BUTTER

鹽 5 公克
SALT

作法：

❶（融油）　❶（倒入）　❶（攪拌）

❷

❸

1 麵粉加入澄清奶油中拌炒
均勻，不可炒焦，建議火
不要太大。

2 加入冷的褐色高湯，
用小火慢至濃稠狀。

3 同時用打蛋器不停的攪拌均勻，
使其變濃稠後即可。

Tips:

1 不要讓麵粉結球狀，要炒至散開有香氣即可使用。

2 此醬汁可用來製作黑胡椒醬料和野菇醬料。

結球狀

散開狀

番茄醬汁
Tomato Sauce

材料：

橄欖油 35c.c.
OLIVE OIL

大蒜碎 10 公克
CHOPPED GARLIC

百里香 0.5 公克
THYME

月桂葉 1 片
BAY LEAF

奧力岡 1 公克
OREGANO

高筋麵粉 10 公克
BREAD FLOUR

整粒番茄粒 200 公克
CANNED WHOLETOMATO

白色高湯 3 公升
WHITE STOCK

胡椒鹽適量
SALT & WHITE PEPPER

調味蔬菜：

西芹碎 25 公克
CHOPPED CELERY

洋蔥碎 50 公克
CHOPPED ONION

紅蘿蔔碎 25 公克
CHOPPED CARROT

作法：

1 各種調味蔬菜切碎，
　番茄粒可以用果汁
　機絞碎。

2 用橄欖油將大蒜碎、
　洋蔥碎、香料炒香。

3 加入各式蔬菜碎。

4 加入麵粉拌炒均勻，
　炒至稠狀。

5 加入整粒番茄，邊炒
　邊攪拌。

6 加入白色高湯攪拌均
　勻，煮滾後再以小火
　煮 50 分鐘。

7 將胡椒鹽加入，再煮
　5 分鐘即可起鍋。

Tips:

1 番茄粒建議選用義大利阿波羅番茄，也可用台灣的小番茄，有一種獨特鮮甜
　味，很適合做番茄醬汁。

2 白胡椒鹽可以自製，把白胡椒粉加入鹽，比例約為 13：1，調和均勻即可。

牛肉原濃汁
Demi-Glace

材料：

牛骨 3 公斤 BEEF BONE	洋蔥大丁 350 公克 DICED ONION	番茄糊 120 公克 TOMATO PASTE	丁香 2 公克 CLOVES	奶油 30 公克 BUTTER
牛肉筋 1 公斤 BEEF TREMMED	西芹大丁 120 公克 DICED CELERY	百里香 5 公克 THYME	黑胡椒粒 3 公克 BLACK PEPPER CORN	
牛褐高湯 15 公升 VEAL BROWN SOCK	紅蘿蔔大丁 120 公克 DICED CARROT	巴西里梗 2 支 PARSLEY STICK	紅葡萄酒 300c.c. RED WINE	
紅蔥頭片 20 公克 SHOLLAT	青蒜大丁 60 公克 DICED LEEK	月桂葉 3 片 BAY LEAF	鹽 3 公克 SALT	

作法：

1 將牛骨鋸成 6～10 公分小塊狀，洋蔥切 2 片圓厚片與大丁。紅蔥頭、西芹、紅蘿蔔大丁、青蒜切大丁、巴西里梗切段（牛褐高湯、百里香、月桂葉、丁香、黑胡椒粒、紅葡萄酒、鹽）備用。

2 取一烤盤，將牛骨與牛肉筋烤成褐色。

3 取一平底鍋，放入奶油，加入紅蔥頭炒香，加入洋蔥，炒軟後，先加再加百里香、月桂葉、丁香、再加西芹、紅蘿蔔、青蒜、巴西里梗炒軟後，加入番茄糊一起拌炒均勻。

4 取一鍋，加熱後，放入烤上色牛骨，加入紅葡萄酒，以大火燃燒，將酒精大火燃燒，將酒精味道去除。(燃燒中需攪拌)。

5 作法 3 炒好材料，與作法 4 烤好牛骨材料，加在一起，用炒料鍋子放入牛褐高湯，一起拌勻，吸收炒料的香味。

6 大火煮滾後關小火，煮 12 小時。

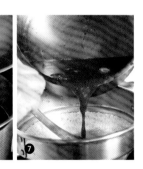

7 將熬好高湯，以篩網將湯過濾，即可。

Tips:

1 番茄糊炒過以後比較不澀，香味比較出得來。　　*2* 牛肉原濃汁亦可續煮 16 小時，每天再加入高湯。

基本白醬汁
Basic White Sauce

材料：

澄清奶油 30 公克　　雞白色高湯 500c.c.
CLARIFIED BUTTER　　CHICKEN WHITE STOCK

高筋麵粉 45 公克　　鹽 5 公克
BREAD FLOUR　　SALT

作法：

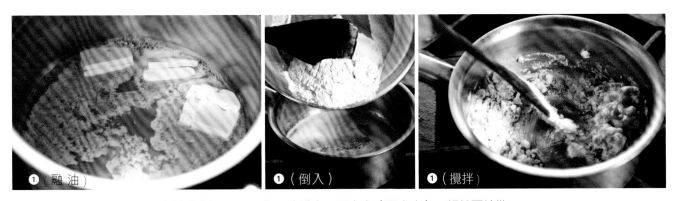

❶（融油）　　❶（倒入）　　❶（攪拌）

1 麵粉加入澄清奶油中拌炒均勻，不可焦，建議火不要太大（要小火）。麵粉要炒散。

❷

2 加入溫熱的白色高湯攪拌均勻，用小火慢煮。

3 同時用打蛋器不停的攪拌均勻。

4 約煮 20 分鐘，如果太過濃稠，可加些高湯直
　　到所需濃度。

Tips:

此醬汁之專用名詞是 "Veloute"，母醬汁的一種，它是以油糊與白高湯調製而成的，若再以其他材料及可衍
生出各式各樣的子醬汁，可製成不同的醬汁。

雞骨肉原汁
Chicken Grary

材料：

雞骨 2 公斤
CHICKEN BONE

雞高湯 3 公升
CHICKEN STOCK

飲用水 1 公升
WATER

洋蔥丁 250 公克
DICED ONION

西芹丁 160 公克
DICED CELERY

紅蘿蔔丁 160 公克
DICED CARROT

青蒜大丁 60 公克
DICED LEEK

百里香 1.5 公克
THYME

巴西里梗 2 支
PARSLEY STICK

月桂葉 3 片
BAY LEAF

丁香 2 公克
CLOVES

蕃茄糊 80 公克
TOMATO PASTE

紅葡萄酒 200c.c.
RED WINE

黑胡椒粒 2 公克
BLACK PEPPER CORN

鹽 3 公克
SALT

作法：

1 將雞骨剁成 6 公分小段洗淨，洋蔥切 2 片圓厚片與大丁。西芹、紅蘿蔔丁、青蒜切大丁，巴西里梗切段（雞高湯、水、百里香、月桂葉、丁香、番茄糊、紅葡萄酒、鹽）備用。

2 取一烤盤，將洋蔥丁、西芹、紅蘿蔔丁、青蒜鋪底，將雞骨頭放在上面。再加入番茄糊抹在切好的蔬菜丁上，再加入香料，放入 180℃ 箱烤（烤至骨頭呈褐色。（預熱後，約烤 30 分鐘）

3 取一鍋放入雞高湯，把作法 2 烤好的食材倒入。

4 洋蔥圓厚片煎成焦糖化， 也放入鍋內。

5 取紅葡萄酒，倒入作法 2 的烤盤中（烤好的材料已經取出），放在爐檯上以大火燃燒，將酒精味道去除。（燃燒中需攪拌），把餘汁倒入作法 3 的湯鍋中。

6 雞高湯，飲用水、鹽一起攪拌均勻。

7 將所有材料拌均勻，以大火熬煮至滾。轉中小火，熬煮 2 ～ 3 小時煮至軟爛，雞骨與肉分離。

8 將熬好雞骨原汁，以篩網將湯過濾即可。

荷蘭蛋黃醬
Hollandise Sauce

材料：

白葡萄酒 60c.c.
WHITE WINE

蛋黃 2 個
EGG YOLKS

溫水 20 公克
WARM WATER

檸檬汁 20c.c.
LEMON JUICE

無鹽奶油 200 公克
UNSALTED BUTTER

胡椒鹽 適量
SALT & PEPPER

作法：

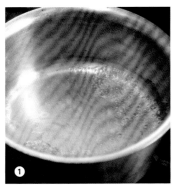   

1 取一沙司鍋，將白葡萄酒、檸檬汁、胡椒鹽濃縮至一半，冷卻備用。

2 取蛋，將蛋黃取出。
3 將蛋黃放於不鏽鋼盆中，加入作法1(濃縮汁液)，打至有泡沫為止。

4 隔水加熱打發。
5 移開爐上，再慢慢加入澄清奶油。

6 不斷的攪拌。直到凝固（類似美奶滋沙拉醬）。
7 完成後加溫水混合均勻。

Tips:
1 完成後的醬料最好在 2 ～ 3 小時內使用完畢。
2 不能放入冰箱裡冷藏，會出現凝固變硬，就不能使用。
3 此醬料常用在焗烤如龍蝦、牛排、蘆筍或蔬菜等，加在主料上面烤的。

澄清奶油
Clarified Butter

作法：

1 將無鹽奶油切成小塊入鍋中融化。

2 煮至奶脂蒸發掉。

3 將奶油過濾。
4 澄清奶油常用在炒、煎肉時。

基本沙拉醬汁
BASIC DRESSING

沙拉基本醬汁的用途多變，可以搭配生菜當佐料，也可塗抹麵包吐司做成開胃點心，或者拌麵拌飯都很開胃。

美奶滋
Mayonnaise

材料：

蛋黃 3 個
EGG YOLK

胡椒鹽 8 公克
SALT & PEPPER

芥末醬 30 公克
MUSTARD

白酒醋 60c.c.
WHITE WINE VINEGAR

沙拉油 1 公升
SALAD OIL

檸檬汁 30c.c.
LEMON JUICE

作法：

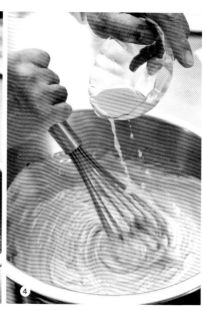

1 取一鋼盆，放入蛋黃、胡椒鹽、
芥末醬、白酒醋。

2 將上述材料，以打蛋器快速攪拌
至膨發，速度要快避免油水分
離。（打出的顏色應稍微偏白）

3 膨發後，緩緩加入沙
拉油（需同時攪拌，且
速度不能太快），攪拌
至膨發完全。

4 膨發完全後，
加入檸檬汁。

Tips:

美奶滋就是蛋黃醬，也可以用橄欖油取代沙拉油來製作美乃滋。

千島沙拉醬
Thousand Island Dressing

材料：

美奶滋 1 公斤
MAYONNAISE

洋蔥 100 公克
ONION

酸黃瓜 30 公克
PICKLE CUCUMBER

巴西里 20 公克
PARSLEY

煮熟全蛋 3 個
BOILED EEG

番茄醬 250 公克
KETCHUP

墨西哥辣椒水 2 茶匙
TABASCO

辣醬油 2 茶匙
WORCESTERSHIRE SAUCE

牛奶 60c.c.
MILK

作法：

1 洋蔥洗淨，酸黃瓜、巴西里取葉、煮熟全蛋分別切碎

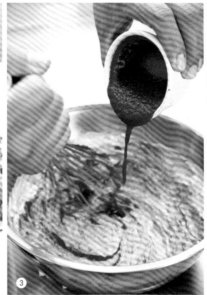

2 取一鋼盆，加入美奶滋，再將作法 1 的材料依序放入。

3 再依序放入番茄醬、墨西哥辣椒水、辣醬油後，一起攪拌均勻。

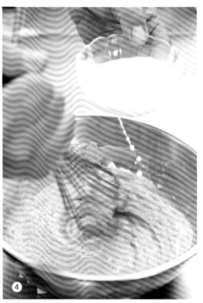

4 最後緩緩加入牛奶，使醬汁濃稠適中。

Tips:

亦可加入紅甜椒碎或黃甜椒碎，口感也相當不錯。

韃靼醬汁
Tartar Sauce

材料：

美乃滋 600 公克
MAYONNAISE

全蛋 2 個
EGG

酸黃瓜 50 公克
PICKLE CUCUMBER

洋蔥 80 公克
ONION

巴西里 10 公克
PARSLEY

檸檬汁 25c.c.
LEMON JUICE

胡椒鹽 適量
SALT & PEPPER

辣醬油 適量
WORCESTERSHIRE

作法：

1 雞蛋放入水中煮熟，全蛋切碎。

2 洋蔥、巴西里洗淨後，和酸黃瓜分別切碎備用。

3 取一鋼盆，將所有材料和適量胡椒鹽調味，混合攪拌即可。

蛋的切法：

1 先切片。

2 再切條。

3 最後切碎。

酸黃瓜的切法：

1 切片。

2 切條。

3 切碎。

Tips:

1 做好的韃靼醬汁加入些匈牙利紅椒粉拌均勻，顏色會更好看。

2 韃靼醬汁通常運用於豬排、魚條、海鮮類。

法式沙拉醬汁
French Dressing

材料：

蛋黃 3 個
EGG YOLK

橄欖油 1 公升
OLIVE OIL

第戎芥末醬 80 公克
DIJON MUSTARD

辣醬油 2 茶匙
PUNGENT SAUCE

胡椒鹽 2 茶匙
SALT & PEPPER

檸檬汁 30c.c.
LEMON JUICE

白酒醋 60 公克
WHITE WINE VINEGAR

雞高湯 200c.c.
CHICKEN STOCK

大蒜 10 公克
GARLIC

作法：

1 將大蒜剁成泥狀。

2 取一鋼盆，放入蛋黃、第戎芥末醬、胡椒鹽、
　白酒醋、蒜泥、檸檬汁。

 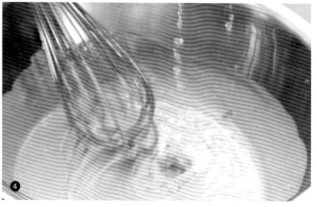

3 以打蛋器將上述材料打成膨發（不斷攪拌），
　拌出軟硬度會比美乃滋的稍微稀一點。

4 打成膨發後，緩緩加入橄欖油、雞高湯、辣醬
　油一起攪拌均勻。

義大利油醋汁
Italian Vinaigrette

材料：

紅蔥頭 30 公克
SHOLLAT

大蒜 8 公克
GARLIC

酸黃瓜 20 公克
PICKLE CUCUMBER

紅辣椒 8 公克
RED CHILI

巴西里 10 公克
PARSLEY

黑胡椒粗粉 1/3 茶匙
BLACK PEPPER CRUSHED

胡椒鹽 2 茶匙
SALT & PEPPER

紅酒醋 100c.c.
RED WINE VIENGAR

橄欖油 250c.c.
OLIVE OIL

作法：

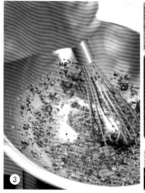

1 將紅蔥頭、大蒜、酸黃瓜、紅辣椒去籽、巴西里，分別碎。

2 取一鋼盆，放入剁碎材料，再放入黑胡椒粗粉、胡椒鹽、紅酒醋。

3 以打蛋器將上述材料打均勻（不斷攪拌）。

4 再緩緩加入橄欖油，攪拌均勻成稠狀即可。

辣椒去籽作法：

1 對半切

2 去籽

藍紋起士沙拉醬
Blue Cheese Dressing

材料：

藍紋起士 100 公克 BLUE CHEESE	檸檬汁 15c.c. LEMON JUICE
酸奶 50 公克 SOUR CREAM	白酒醋 30 c.c. WHITE WINE VIANGER
胡椒鹽 1 茶匙 SALT & PEPPER	鮮奶油 300 c.c. CREAM U.H.T
大蒜泥 1 茶匙 GARLIC	雞高湯 100 c.c. CHICKEN STOCK
黑胡椒粗粉 1/3 茶匙 BLACK PEPPER CRUSHED	

作法：

1 將大蒜、藍紋起士磨成泥狀。

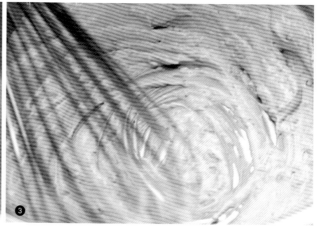

2 取一鋼盆，放入蒜泥、藍紋起士泥、酸奶、胡椒鹽、黑胡椒碎、檸檬汁、白酒醋。

3 以打蛋器將上述材料打均勻 (不斷攪拌)。

4 再緩緩加入鮮奶油、雞高湯、一起攪拌均勻，讓濃稠度適中即可。

凱薩沙拉醬汁
Caesar Salad Dressing

材料：

雞蛋 2 個
EGG

鯷魚 4 片
ANCHOVY

胡椒鹽 適量
SALT & PEPPER

辣醬油適量
WORCETERSHIRE SAUCE

檸檬汁 1 大匙
LEMON JUICE

大蒜 10 公克
GARLIC

第戎芥末醬 30 公克
DIJON MUSTARD

橄欖油 350c.c.
OLIVE OIL

帕瑪森起士粉 2 大匙
PARMESAN CHEESE

辣椒汁適量
TABASCO

作法：

1 生蛋取蛋黃，加入檸檬汁、芥末醬、鯷魚磨碎、胡椒鹽、
大蒜磨泥加入，打至膨脹（比法式醬稍硬，比美乃滋稍軟）

2 慢慢倒入橄欖油，不斷的
攪拌至膨發。

3 再加入辣椒汁、辣醬油，
加入帕馬森起司粉。充分
混合後即完成醬汁。

Tips:

1 Parmesan 帕馬森乳酪是義大利最有名的乳酪，是從牛奶中提煉出，做成大圓桶型狀，攪碎或磨絲來使用。

2 帕馬森乳酪是屬於選擇較乾的乳酪很適合做烹調用。

Chapter7

精選食譜
SELECTED RECIPE

從食材、工具到技法，認識烹飪方法後，接下來就要大顯身手了。
開胃菜、湯品、三明治、沙拉、主餐、甜點，一次讓你學會三十三道菜。

開胃菜
APPETIZER

西餐中第一道菜餚，味道清爽，通常有著酸味或
鹹味，因有開胃功能而稱之為開胃菜。

雞肉捲佐覆盆子醬汁
Chicken Roulade With Raspberry Sauce

雞肉捲材料
INGREDIENTS：

雞胸 1 付
CHICKEN BREAST

白葡萄酒 15c.c.
WHITE WINE

胡椒鹽 適量
SALT & PEPPER

澄清奶油 30c.c.
CLARIFIIED BUTTER

煮熟菠菜葉 4 片
COOKED SPINACH

胡蘿蔔細條 50 公克
CARROT

青蒜細條 30 公克
LEEK

西芹細條 50 公克
CELERY

覆盆子醬汁
Raspberry Sauce：

奶油 10 公克
BUTTER

紅蔥頭碎 30 公克
SHALLOT CHOPPED

雞骨原汁 250c.c.
CHICKEN JUS

覆盆子 30 公克
RASPBERRY

波特酒 30c.c.
PORT WINE

胡椒鹽 適量
SALT & PEPPER

作法：

1 雞胸肉切蝴蝶刀，以白酒、胡椒鹽醃漬。

2 熱鍋放入奶油、胡蘿蔔細條、青蒜細條、西芹細條炒軟熟。

3 汆燙的菠菜葉和炒熟的蔬菜先捲起，放在雞胸肉上，並捲起。

4 用竹籤將肉捲固定。

5 用澄清奶油將肉捲表面煎上色，先從肉捲的縫隙煎起。

6 烤箱預熱至 180℃，將肉卷放入烤箱烤約 6 ～ 8 分鐘至熟，（看肉的厚薄而定）再切片。

7 取一鍋。用澄清奶油將紅蔥頭碎爆香，倒入波特酒，將酒味蒸發。

8 加入雞肉原汁調味，煮至濃縮後以細篩網過篩，去除紅蔥頭。

9 再放入覆盆子和醬汁一起煮至味道融入，以胡椒鹽調味。

10 將雞肉捲片鋪於盤中，淋上作法 9 覆盆子醬汁即可。

Tips:
醬汁上菜前，可放入一小塊冰奶油（離火、鍋子搖動），融入醬汁裡。醬汁的稠狀和色擇比較好。

鮮魚慕斯佐藍莓優格醬汁
Fish Mousse With Blueberry Yogurt Sauce

魚慕斯材料
FISH MOUSSE INGREDIENTS：

鮮魚 200 公克
FRESH FISH

鮮奶油 60c.c.
CREAM

蛋白 35c.c.
EGG WHITE

胡椒鹽 2 茶匙
SALT & PEPPER

白酒 20c.c.
WHITE WINE

魚餡料
STUFFING MATERIAL：

魚慕斯 220 公克
FISH MOUSSE

鬱金香 適量
TURMERIC

熟鮮蝦（切丁）2 尾
COOKED SHRIMP

鮮魚 1 片
FRESH FISH

白酒 10c.c.
WHITE WINE

胡椒鹽 適量
SALT & PEPPER

海苔片 1 張
NORI

藍莓優格醬 適量
BLUEBERRY YOGHOURT

作法：

 1 魚漿作法：將魚肉切丁，加鮮奶油、白酒、胡椒鹽、蛋白，以食物調理機一起打成泥狀。

 2 打好魚漿以細網過濾，將魚肉筋去除，過篩後口感會較細膩。

 3 魚餡料作法：取打好的魚漿 50 克，加上鬱金香粉、鮮蝦切丁一起拌勻，做為餡料。(其餘的魚漿備用)

 4 魚捲作法：取一海苔片對半切當作鋪底，抹上一層魚漿，把餡料放上捲起。

 5 取一魚片，鋪上魚漿

 6 將作法 4 的魚捲放在魚片上捲起，用保鮮膜包起來

 7 魚捲放入蒸籠以中火蒸約 12 分鐘，蒸好的魚捲，放置冰箱冰約 2 小時，至魚肉呈現冰冷狀態

 8 從冰箱取出後切片擺盤，並淋上醬汁即可。

藍莓優格醬作法：

作法：

 1 先製作藍莓醬汁，把所有材料倒入鍋中，煮至濃縮成醬，冷卻備用。

 2 再把優酪乳與蛋黃醬先拌勻，再加入胡椒鹽攪拌。

 3 把作法 2 倒入做好的藍莓醬中，再加入檸檬汁攪拌一下即可。

藍莓醬
BLUEBERRY SAUCE

糖 10 公克
SUGAR

白蘭地 1.5 茶匙
BRANDY

藍莓 150 公克
BLUEBERRY

飲用水 60c.c.
WATER

藍莓優格醬
BLUEBERRY YOGHOURT

藍莓醬 30 公克
BLUEBERRY SAUCE

優酪乳 30 公克
YOGHOURT

蛋黃醬 20 公克
MAYONNAISE

檸檬汁 8c.c.
LEMON JUICE

胡椒鹽 適量
SALT & PEPPER

鮭魚派
Salmon Pirog

鮭魚材料
SALMON：

鮭魚 300 公克
SALMON

橄欖油 30c.c.
OLIVE OIL

高麗菜 180 公克
CABBAGE LEAF

巴西里碎 5 公克
PARSLEY CHOPPED

茴香（蒔蘿）60 公克
DILL CHOPPED

蘑菇 80 公克
MUSHROOM

洋蔥碎 10 公克
ONION CHOPPED

酸奶 125 公克
SOUR CREAM

胡椒鹽 適量
SALT & PEPPER

麵團
DOUGH：

高筋麵粉 430 公克
BREAD FLOUR

無鹽奶油 185 公克
BUTTER UNSALTED

鹽 1 小匙
SALT

檸檬汁 5c.c.
LEMON JUICE

冰水 50c.c.
ICE WATER

泡打粉 5 公克
BAKING POWDER

裝飾
GARNISH：

巴薩米克醋適量
BALSAMIC REDUCE

作法：

1 取一熱鍋，將橄欖油與洋蔥炒香。

2 蘑菇切丁狀，與巴西里碎放入熱鍋中。

3 加入白葡萄酒拌炒後，冷卻。

4 加入酸奶，並以胡椒鹽調味。

5 將高麗菜燙熟，拭去多餘的水分，把鮭魚切成大丁，
和茴香與前面的餡料混拌在一起。

6 把作法 5 的料鋪在高麗菜上，做成捲狀。備用。

7 麵粉先過篩，在混入其他材料變成麵團，稍微醒麵
10 分鐘；並開成長方片，切去邊緣多餘的部分。

8 麵團內外都刷上一層蛋液。

9 把菜捲放在已經片平的麵團上，同樣捲成捲狀。

10 在麵團捲表面刷上蛋液，並用多餘的麵團刻上花紋
做裝飾放在麵團捲上。

11 烤箱預熱 180℃，麵團捲放烤箱烤約 15 ～ 20 分鐘。

12 取出進冰箱冷藏，冷卻 2 小時後切成片狀，並淋上
巴薩米克醋即可。

Tips:

1 PIROG 是蘇俄的一種小型酥餅，內餡可用海鮮、魚、肉類、蔬菜、起士或水果類等，來製作鹹甜不同口味。

2 外形可作為不同造型，如長方形、圓形、三角形、半月形，可用烘烤或是油炸的方式烹調，也可以當成小
吃。除了食用外，此種酥捲也很適合搭配湯或沙拉，亦可做為開胃菜或主菜享用。

野菇鑲豬小里肌
Pork Fillet Stuffed With Wild Mushroom

材料：

豬小里肌 200 公克
PORK FILLET

生香菇 20 公克
SHITAKE MUSHROOM

洋菇 20 公克
BOTTON MUSHROOM

蛋白 40c.c.
EGG WHITE

金針菇 20 公克
GOLD HUSHROOM

百里香 適量
THYME

核桃碎 適量
WALNUT CHOPPED

紅蔥頭碎 適量
SHALLOT CHOPPED

洋蔥碎 50 公克
ONION CHOPPED

白蘭地酒 10c.c.
BRANDY

鮮奶油 50 公克
CREAM U.H.T

奶油 20 公克
BUTTER

白酒 30c.c.
WHITE WINE

沙拉油 20c.c.
SALAD OIL

作法：

1. 里肌肉分成兩份，一份先切成小丁，加入蛋白、白酒、鮮奶油、胡椒鹽打成泥漿。
2. 先將洋蔥碎、紅蔥頭碎放入鍋中，以奶油炒香後，再放入生香菇丁、洋菇丁、金針菇段，炒至水分蒸發，炒軟後加入白蘭地酒。
3. 再加入 30c.c. 的鮮奶油，炒至收汁後先冷卻。
4. 把作法 1 的肉漿與作法 3 材料一起混合攪拌均勻，作為餡料。
5. 里肌肉取一份從中間戳一個洞。
6. 將作法 4 混合攪拌好的餡料，塞入里肌肉中。
7. 先入鍋煎至 6 分熟上色。
8. 外層抹上一層作法 1 的里肌肉漿，再滾上核桃碎。
9. 烤箱預熱至 160℃，烤約 10 分鐘。
10. 從烤箱中取出後，切片擺盤淋上鳳梨蜜醬汁即可。

鳳梨蜜醬的作法

材料：

| 糖 25 公克 | 奶油 10 公克 |
| SUGAR | BUTTER |

白蘭地 20c.c.　　胡椒鹽 適量
BRANDY　　　　SALT & PEPPER

鳳梨 80 公克　　洋蔥碎 20 公克
PINEAPPLE　　　ONION CHOPPED

雞骨原汁 200c.c.
CHICKEN STOCK

作法：

1. 先把鳳梨切小丁。
2. 鍋中放入少許奶油、洋蔥碎，然後放入糖，把鳳梨放入鍋中。
3. 再放白蘭地、雞骨原汁，最後撒入少許胡椒鹽，煮至收汁即可。

湯品
SOUP

和中餐不同的是，西餐的第二道就是湯。
西餐的湯品大概可分為清湯、奶油湯、蔬菜湯和
冷湯，各具風味及特色。

匈牙利牛肉湯
Hungarian Goulash Soup

材料：

洋蔥 50 公克
ONION

牛臀肉 150 公克
BEEF RUMP

月桂葉 2 片
BAY LEAF

酸奶少許
SOUR CREAM

葛縷子 1 公克
CARAWAY SEED

匈牙利紅椒粉 20 公克
PAPRIKA

番茄糊 20 公克
TOMATD PASTE

馬鈴薯 100 公克
POTATO

沙拉油 30c.c.
SALAD OIL

牛骨高湯 800c.c.
BEEF STOCK

整粒番茄罐 100 公克
CANNED WHOLE TOMATO

迷迭香少許
ROSEMARY

胡椒鹽少許
SALT & PAPPER

作法：

1 洋蔥切碎、葛縷子剁碎，馬鈴薯、整粒番茄粒切小丁備用。

2 牛臀肉切小丁塊，以胡椒鹽、匈牙利紅椒粉略抓一下。

3 熱鍋先將牛臀肉炒至上色（變白褐色）。

4 續炒洋蔥至軟而不上色。

5 放入迷迭香、月桂葉、葛縷子繼續炒香，再放入馬鈴薯。

6 加入番茄糊炒勻。

7 加入整粒番茄粒，與牛骨高湯。

8 煮滾後去表面雜質（浮沫），一直燉煮至牛肉軟鬆、具有濃稠度。

9 最後加入適當胡椒鹽調味，上桌前加少許酸奶即可。

Tips:

1 匈牙利紅辣椒，是大型紅色辣椒，味道溫和不辣，因為椒身酷似香蕉的外形，又稱香蕉辣椒（Banana Chiles）。

2 以匈牙利命名的菜餚一定要放匈牙利紅椒粉（很多德式料理，都會用到）。

3 牛肉可先用匈牙利紅椒粉醃過再炒，味道會比較入味。

4 需烹煮牛肉鬆軟、馬鈴薯軟化而完整。

雞肉清湯附蔬菜小丁
Chicken Consommé
With Vegetable Brunoise

材料：

全雞 800 公克 CHICKEN	紅蘿蔔 100 公克 CARROT	蛋白 3 個 EGG WHITE	丁香 3 粒 CLOVE	鹽 3 公克 SALT
洋蔥 200 公克 ONION	青蒜 80 公克 LEEK	百里香 3 公克 THYME	黑胡椒粒 2 公克 BLACK PEPPER CORN	
西芹 100 公克 CELERY	巴西里梗 10 公克 PARSLEY	月桂葉 3 片 BAY LEAF	雞骨白高湯 3 公升 CHICKEN STOCK	

作法：

1 將雞洗淨，去骨去皮去油後，取肉。

2 雞肉切成 2 公分寬後再切成小碎丁。

3 洋蔥切 2 片圓厚片。洋蔥、西芹、紅蘿蔔、青蒜、巴西里梗分別切碎，取部份洋蔥、西芹、紅蘿蔔、青蒜，分別切成完整小四方丁，汆燙備用。

4 取一鋼盆，放入雞肉碎、與所有蔬菜碎，香料、蛋白、鹽一起拌均勻。（蛋白有吸附雜質的作用）

5 取一煮鍋，放入冷雞高湯、作法 4 的材料，一起攪拌均勻。開中火，隨時攪拌均勻，攪拌至呈現泡沫，等湯上有凝固物浮上，就可關小火慢煮約 2 ～ 3 小時。（一定要先拌勻後才能開火煮，湯滾前可以一邊攪拌，滾後就不能再攪拌了）

6 洋蔥切圓厚片，煎成焦糖化，待湯煮至凝固狀時，先從凝固平面撥一個小湯洞，再把洋蔥放入。

7 待溫度稍微調降，繼續煮 2 ～ 3 小時，不可再攪拌，控制在小火小滾狀態，煮 2 ～ 3 小時後，離火。

8 紗布鋪兩層放篩網上過濾清湯。

9 清湯過濾後，把浮油渣撈起（不可有油）加鹽調味。

10 將雞清湯倒回鍋中加熱，並放入汆燙過的蔬菜小丁，撒點白蘭地讓湯多點香氣。

Tips:

1 材料與雞湯一起煮時，要不停攪動，防止底部黏鍋而有焦味，煮到出現白色泡沫，就不能攪動了。

2 清湯中不要用雞皮，因為雞皮中的油會破壞蛋白吸附雜質。

義大利蔬菜湯
Minestrone

材料：

義大利麵條 30 公克 MACARONI	西芹 30 公克 CELERY	蒜頭 5 公克 GARLIC	番茄糊 20 公克 TOMATO PASTE	帕馬森乳酪粉 適量 PARMESAN CHEESE
培根 25 公克 BACON	胡蘿蔔 30 公克 CARROT	橄欖油 30c.c. OLIVE OIL	整粒番茄罐 250 公克 CANNED WHOLE TOMATO	
洋蔥 40 公克 ONION	番茄 100 公克 TOMATO	奧力岡適量 OREGANO	雞高湯 1500c.c. CHICKEN STOCK	
馬鈴薯 100 公克 POTATO	高麗菜 300 公克 CABBAGE	月桂葉 1 片 BAY LEAF	胡椒鹽 適量 SALT& PEPPER	

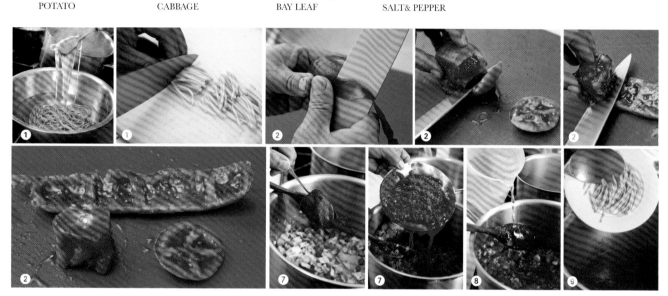

作法：

1 義大利麵入滾水中約煮 8 分鐘，至 8 分熟後，以冰水冷卻，切成 3 公分段備用。

2 番茄去皮去籽、取肉、切丁，培根切碎與其他材料都切成 0.8 公分正方丁，蒜頭切碎，取罐頭內整粒番茄切小碎丁備用。

3 先炒香培根再加入橄欖油。

4 再加入洋蔥炒香、炒軟（不可炒焦）。

5 繼續加入蒜末、奧力岡。

6 再加入胡蘿蔔、西芹略炒一下，再放入高麗菜炒軟。

7 繼續加入馬鈴薯、番茄糊、整粒番茄丁碎。

8 倒入雞高湯煮滾後再煮 30 分鐘，放入番茄丁，改用小火（煮至蔬菜熟透）約 20 分鐘。

9 煮熟的義大利麵取出，放入湯鍋中。

10 將湯盛入湯盤中，撒上帕馬森乳酪粉即可。

Tips:

1 烹飪時蔬菜須軟化，湯汁須有濃稠度，所以馬鈴薯的量要夠。（可增加南瓜、四季豆、節瓜等蔬菜類）

2 色澤為淡紅色，口感要有蔬菜與番茄之香濃。雞高湯可視火候調整用量。

3 Minestrone 是指以多種蔬菜、豆類、馬鈴薯和義大利麵烹煮出清而濃味的蔬菜湯，食用時可再撒上帕馬森乳酪粉。

奶油洋菇濃湯
Cream Of Button Mushroom Soup

材料：

洋菇 300 公克 BUTTON MUSHROOM	雞高湯 800c.c. CHICKEN STOCK
奶油 30 公克 BUTTER	胡椒鹽 適量 SALT & PEPPER
百里香 適量 THYME	鮮奶油 60c.c. CREAM UHT
月桂葉 2 片 BAY LEAF	巴西里 適量 PARSLEY

調味蔬菜

洋蔥 50 公克
ONION

西芹 25 公克
MIREPOIX

白蒜苗 25 公克
LEEK WHITE

作法：

1 洋菇去底部後切 0.3 公分片狀備用。

2 調味蔬菜 (青蒜苗只取白色部分) 切片，洋蔥、西洋芹切絲備用。

3 熱鍋融化奶油，炒香調味蔬菜、百里香、月桂葉等材料。

4 加入 220 公克的洋菇片持續炒至軟化。

5 加入雞高湯，熬煮至材料軟化。

6 熱鍋，加入 80 公克的洋菇炒至水分蒸發，再加一點奶油炒乾香味，呈現金黃色即可，作為濃湯的配料

7 作法 5 的湯汁先取出月桂葉，放入果汁機瞬間打成漿。

8 再倒回鍋中以胡椒鹽調味。

9 最後加入鮮奶油與作法 6 的洋菇片續煮至味道融合即可。

10 也可以保留一點洋菇片，在上桌前鋪幾片在湯上，撒點巴西里碎做裝飾。

Tips:

1 調味蔬菜 (MIREPOIX) 原指洋蔥、西芹、胡蘿蔔、青蒜苗等，但因為此道湯色澤呈灰白色，故胡蘿蔔不宜使用。

2 青蒜苗只取用白色部分，以免影響湯的顏色。

3 雞高湯可視火候調整用量。

蒜苗馬鈴薯冷湯
(Vichyssoise)
Potato And Leek Chilled Soup

材料：

吐司麵包 1 片
WHITE BREAD

蒜白 200 公克
LEEK WHITE

荳蔻粉適量
NUTMEG

月桂葉 1 片
BAY LEAF

培根 30 公克
BACON

奶油 60 公克
BUTTER

胡椒鹽適量
SALT & PEPPER

馬鈴薯 350 公克
POTATO

雞高湯 800c.c.
CHICKEN STOCK

鮮奶油 100c.c.
CREAM U.H.T

作法：

1 吐司麵包去邊切正方小丁，用烤箱以150℃小火烤乾（約5分鐘），再改180℃烤上色（約1～2分鐘），
成金黃色。

2 培根切細絲，馬鈴薯去皮切片，蒜白切小片。

3 先熱鍋，培根入鍋爆香再加入奶油。

4 鍋內加入蒜白、月桂葉、雞高湯一起拌炒。

5 加入馬鈴薯、荳蔻粉，煮至馬鈴薯軟爛，備用。

6 稍冷後，月桂葉先取出，用果汁機瞬間打成漿，過濾後再倒回鍋中加熱，以胡椒鹽調味。

7 最後再加入鮮奶油拌勻煮滾即可。

8 將湯用冰塊隔水降溫，並放入冰箱冷藏。供應時將冷湯裝入湯碗，撒麵包丁即可。

Tips:

1 Vichyssoise 此道湯品於 1917 年由美國紐約 Ritz-Carlton 旅館師傅 Louis Diat 所創，是以其法國故鄉命名。

2 麵包丁烤出來的顏色要均勻。

3 打成漿時，溫度不能太熱果汁機會損壞，也會造成不必要的事故，所以稍微冷卻一點降溫即可。

4 此為冷湯，因此湯盤最好也冷藏一下。

三明治和沙拉
SANDWICH & SALAD

西方人的午餐很簡單，通常是以三明治或沙拉果腹，因此會以蔬菜、蛋、肉類巧妙搭配，滿足營養又美味的需求。

華爾道夫沙拉
Waldorf Salad

材料：

西芹 150 公克
CELERY

蘋果 300 公克
APPLE

美奶滋 80 公克
MAYONNAISE

胡椒鹽 適量
SALT & PEPPER

結球萵苣 1 片
ICEBERG LETTUCE

核桃 30 公克
WALNUT CRUSHED

葡萄乾 適量
PARSLEY

鹽 適量
SALT

作法：

1 結球萵苣洗淨後，撕成片狀備用。
2 核桃烤過後，切小丁。

3 蘋果洗淨，去皮去心後，切大丁，飲用水加入少許鹽（亦可加入適量的檸檬汁）泡一下，完全瀝乾，備用。

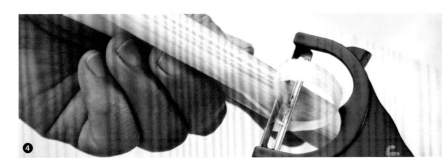
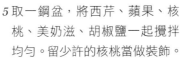

4 西芹洗淨去皮絲，切丁汆燙時，放少許鹽防止養分流失。汆燙後放水中冷卻、瀝乾，備用。

5 取一鋼盆，將西芹、蘋果、核桃、美奶滋、胡椒鹽一起攪拌均勻。留少許的核桃當做裝飾。

6 上盤時將拌好的蘋果沙拉裝在生菜內，以核桃、葡萄乾裝飾。

Tips:
華爾道夫沙拉是一道古典沙拉，創自於二十世紀初期，當時一位名叫奧斯卡 (OSCAR) 的大師在美國紐約華爾道夫－亞士多飯店做出。其基本配方有蘋果、西芹、核桃，加上沙拉醬混合而成。

凱撒沙拉
Caesar Salad

材料：

蘿蔓生菜 360 公克
ROMAINE LETTUCE

培根 3 大匙
BACON

白色吐司 1 片
WHITE BREAD

凱撒沙拉醬汁

雞蛋 2 個
EGG

檸檬汁 20c.c.
LEMON JUICE

橄欖油 30c.c.
OLIVE OIL

鯷魚 4 片
ANCHOVY

大蒜 10 公克
GARLIC

帕瑪森起士粉 20 公克
PARMESAN CHEESE

胡椒鹽 適量
SALT & PEPPER

第戎芥末醬 5 公克
DIJON MUSTARD

辣椒水 適量
TABASCO

英式辣醬油 適量
WORCESTERSHIRE SAUCE

作法：

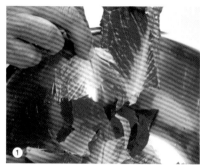

1 蘿蔓生菜洗淨後，摘成大片狀瀝乾備用。

2 吐司切小丁，入烤箱烤至金黃色備用。

3 培根切成小條，熱鍋放入培根，煎成脆皮口感 。（去油脂）

4 製作醬汁，生蛋取蛋黃，加入檸檬汁、芥末醬、鯷魚磨碎、 胡椒鹽、 大蒜磨碎加入，打至膨脹（此法式醬稍硬，比美乃滋稍軟）

5 慢慢倒入橄欖油，不停攪拌至膨發即可。

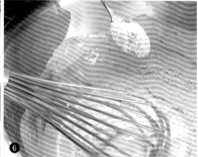

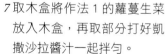

6 再加辣椒汁、辣醬油、帕馬森起司。充分混合後即完成凱撒沙拉醬汁。

7 取木盒將作法 1 的蘿蔓生菜放入木盒，再取部分打好凱撒沙拉醬汁一起拌勻。

8 把蘿蔓生菜擺盤。撒上培根、 麵包丁、帕瑪森起司，再淋上醬汁。

Tips:

凱撒沙拉的由來是 CAESAR CARDIN 在一九二四年發明，他是墨西哥 TIJUANA 城裡一家義式餐廳的老闆兼主廚。

尼斯沙拉
Nicoise Salad

材料：

馬鈴薯 200 公克
POTATO

雞蛋 1 個
EGG

四季豆 60 公克
FRENCH BEAN

番茄 100 公克
TOMATO

蘿蔓生菜 1 葉
ROMAINE LETTUCE

結球萵苣 80 公克
ICEBERG LETTUCE

鮪魚罐頭 80 公克
CANNED TUNA FISH

鯷魚 2 片
ANCHOVY

酸豆 10 少許
CAPER

黑橄欖 3 粒
BLACK OLIVE

油醋醬汁 適量
VINAIGRETTE

白酒醋 40 c.c.
WHITE WINE VINEGAR

胡椒鹽 適量
SALT & PEPPER

橄欖油 60c.c.
OLIVE OIL

巴西里 適量
PARSLEY

作法：

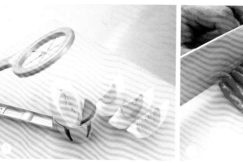

1 將馬鈴薯外皮洗淨，煮熟去皮，切成長約 6 公分，厚 0.5 公分條狀，備用。

2 蛋洗淨外殼，放入水中，大火煮滾改中火，煮熟 12 分鐘，取出泡冰水冷卻，剝殼用切割器切片備用。

3 四季豆撕去纖維，入熱水汆燙，燙熟後立即泡冰開水急速冷卻，瀝乾水分切 6 公分段。

4 番茄去皮去籽切條狀備用。

5 結球萵苣洗淨泡飲用水瀝乾水分，撕成一口大小。鮪魚罐頭去汁後備用。

6 製作油醋汁，白酒醋加胡椒鹽、巴西里用打蛋器打勻，一邊慢慢加入橄欖油、拌入油醋汁，調勻後即為油醋汁。

7 擺盤：結球萵苣墊底分置於三個角落，再放入馬鈴薯條、四季豆、鮪魚塊、番茄。

8 撒上酸豆點綴其間，蛋片上以黑橄欖片點綴，淋上油醋醬。

主廚沙拉
Chef s Salad

材料：

			調味蔬菜	
火腿 80 公克 HAM	結球萵苣 60 公克 ICEBERG LETTUCE	捲鬚生菜 適量 FRISSE	洋蔥 15 公克 ONION	鹽少許 SALT
雞胸肉 120 公克 COLD CHICKEN	蛋 1 個 EGG	黑橄欖 2 粒 BLACK OLIVE	紅蘿蔔 15 公克 CARROT	
巧達起司 1 片 CHEDDAR CHEESE	番茄 1 個 TOMATO	千島沙拉醬 適量 THOUSAND ISLAND DRESSIUG	西芹 15 公克 CELERY	
冷牛肉 100 公克 COLD ROASTED BEEF	酸黃瓜 1 個 PICKLE CUCUMBER		青蒜 15 公克 LEEK	

作法：

1 結球萵苣洗淨後，剝片狀備用。蛋
　洗淨外殼，放入冷水中，大火煮滾
　改中火，煮熟 12 分鐘。
2 取出泡冰水冷卻，切成 4 片備用。

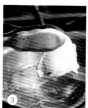

3 鍋中放入調味蔬菜，加少許鹽，
　再將雞胸肉放入煮熟，雞肉待
　冷卻後切成條狀備用。

4 牛肉烤熟後，切條備用。

5 火腿、起士切寬條備用。

6 酸黃瓜、黑橄欖切片、 番茄洗淨
　切角狀，結球萵苣墊底備用。
7 取一沙拉盤，以結球萵苣墊底四
　周用切條火腿、牛肉、雞肉、起士
　圍繞。
8 以蛋片、番茄角、黑橄欖及捲鬚生
　菜裝飾。
9 倒入千島沙拉醬即可。（見沙拉基
　本醬汁 p.102）

Tips:
主廚沙拉在美國早期移民時期，是一道非常受歡迎的沙拉，它來自於美國南方，經常在夏季午餐或晚餐
時享用。

培根、生菜、番茄三明治
B.L.T Sandwich

材料：

切片白吐司 2 片
SLICED WHITE BREAD

培根 2 片
BACON

結球萵苣 60 公克
ICEBERG LETTUCE

番茄 2 片
TOMATO

軟奶油 10 公克
SOFT BUTTER

蛋黃醬 少許
MAYONNAISE

作法：

1 培根整片煎過。

2 番茄切片，結球萵苣剝片備用。

3 吐司麵包烤黃並塗上牛油。
4 將切片番茄、結球萵苣、煎過培根有次
　序的一層層鋪在麵包上。
5 另一片吐司蓋上。
6 去邊切成需要的形狀即可。

總匯三明治
Club Sandwich

材料：

白吐司麵包 3 片
SLICED WHITE BREAD

培根 2 片
BACON

結球萵苣 1 大片
ICEBERG LETTUCE

酸黃瓜 3 片
PICKLE CUCUMBER

熟雞肉 60 公克
CHICKEN

蛋 1 個
EGG

軟牛油 10 公克
SOFT BUTTER

火腿 1 片
HAM

牛番茄 2 片（厚片）
TOMATO

蛋黃醬 20 公克
MAYONNAISE

作法：

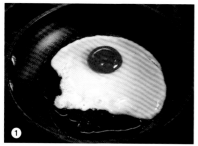

1 煎荷包蛋。

2 火腿煎上色，培根煎熟，備用。

3 熟雞肉、番茄切片備用。

4 吐司麵包烤黃並塗上牛油。

5 在一片麵包放生菜、黃瓜片、雞肉片、番茄片。

6 再放上另一片麵包。

7 鋪上火腿、培根片、煎蛋，擠上蛋黃醬。

8 將第三片麵包蓋上。

9 以竹籤在四處插緊後切邊，再斜對角對
切成 4 塊，盛盤。

Tips:

三明治旁邊可以加上生菜、薯條做配菜。

主菜
MAIN COURSE

主菜是正式西餐的第四道菜餚，多數取材自肉類
或禽類，最常見的是牛排或牛肉、雞肉、羊排。

紅酒燴牛肉
Beef Stew In Red Wine

材料：

洋蔥 80 公克 ONION	牛腩 500 公克 BEEF BRISKET	百里香 適量 THYME	培根 50 公克 BACON
紅蘿蔔 80 公克 CARRORT	紅葡萄酒 200c.c. RED WINE	牛骨原汁 300c.c. BEEF GRAVY	小牛骨白高湯 500c.c. VEAL WHITE STOCK
西芹 80 公克 CELERY	月桂葉 2 片 BAY LEAF	洋菇 80 公克 MUSHROOM	澄清奶油 30c.c. CLARIFIED BUTTER

作法：

1 洋蔥切塊，紅蘿蔔、西芹切方塊。

2 牛腩切成 5 公分長條狀。

3 切好牛腩與胡椒鹽、紅葡萄酒、百里香一起醃泡 10 分鐘。

4 取出醃泡好的牛腩、用澄清奶油煎上色（約 3 分鐘），倒入紅酒一起煮，燃燒後，將酒味去除，撈起備用。

5 將洋蔥、胡蘿蔔、西芹、月桂葉一起炒軟，倒入紅酒，將作法 4 的材料放入。

6 加入牛骨原汁與小牛骨白高湯，約煮 1.5 小時煮至牛肉熟軟。

7 撈出牛腩，湯汁過濾後，保留湯汁備用。

8 熱鍋，將洋菇、培根放入炒熟。

9 牛腩、醬汁、培根、洋菇一同放入鍋中熬煮，加入胡椒鹽調味，煮滾後 10 分鐘起鍋。

普羅旺斯烤小羊排

Roasted Rock Of Lamb Crusted With Herbs Crumbs And Port Wine Sauce

材料：

帶骨羊排 1 塊
LAMB

胡椒鹽適量
SALT & PEPPER

第戎芥末醬 20 公克
DIJON MUSTARD

沙拉油 20c.c.
SALAD OIL

紅酒 20c.c.
RED WINE

麵包粉 50 公克
BREAD CRUMB

百里香 1 茶匙
THYME

迷迭香 1 茶匙
ROSEMARY

大蒜 5 公克
GARLIC

蘿勒碎 1 茶匙
BASIL

波特酒醬汁：

奶油 20 公克
BUTTER

紅蔥頭碎 20 公克
SHALLOT CHOPPED

波特酒 80c.c.
PORT WINE

牛骨原汁 360c.c.
BEEF GRAVY

冷奶油 0.5 公克
COLD BUTTER

胡椒鹽 適量
SALT & PEPPER

蜜汁洋蔥：

奶油 30 公克
BUTTER

月桂葉 1 片
BAY LEAF

小洋蔥 半顆
ONION

紅酒 150c.c.
RED WINE

紅酒醋 30c.c.
RED WINE VINEGAR

糖 35 公克
SUGAR

作法：

1 先去除羊排表面的油脂，肋骨上的筋清除乾淨。

2 羊排以紅酒、胡椒鹽醃漬。

3 將香料與第戎芥末醬混合攪拌均勻備用。

4 羊排以沙拉油煎上色，約 3 分熟後抹上作法 3，再沾上麵包粉。

5 烤箱預熱至 180℃，以 180℃ 烤至約 7 分熟取出備用。

6 製作波特酒醬汁，鍋內放入奶油、紅蔥碎炒香，放入波特酒燃燒至一半後，放入牛骨原汁煮至濃稠狀後，
　過濾掉雜質和紅蔥頭碎，留下醬汁，回到爐上加熱，以胡椒鹽調味，放入冷奶油使其融入即可。

7 作法 7、8 為製作蜜汁洋蔥，取一鍋，放入糖、奶油，將小洋蔥炒香。

8 加入紅酒、紅酒醋、月桂葉煮至完全收汁。

9 將烤好的羊排沿肋骨方向切塊，附上蜜汁洋蔥，最後淋上波特酒醬汁即可。

Tips:

1 羊排的油脂有較濃的羊騷味，有些人不太喜歡，所以
　把肋骨上的筋清除乾淨，比較美觀。

2 紅酒醬汁完成，最後可放入一小塊冷奶油，離火搖晃
　使其均勻融化，讓醬汁更光亮、更濃稠而風味更好。

（未去筋時）

（去筋完成圖）

燜烤小牛膝附雞豆番茄莎莎
Braised Veal Shank In Tomato Sauce With Chick Peas Salsa

材料：

小牛膝 2 塊 VEAL SHANK	月桂葉 2 片 BAY LEAF	褐色高湯 1 公升 BROWN STOCK
橄欖油 20 公克 OLIVE OIL	迷迭香 2 公克 ROSEMARY	整顆番茄粒罐 80c.c. TOMATO SAUCE
紅酒 60c.c. RED WINE	胡蘿蔔小丁 30 公克 CARROT DICED	胡椒鹽 適量 SALT & PEPPER
奶油 20 公克 BUTTER	西芹小丁 30 公克 CELERY DICED	奶油 20 公克 BUTTER
洋蔥小丁 30 公克 ONION DICED	蒜白 30 公克 LEEK WHITE	高筋麵粉 20 公克 BREAD FLOUR
大蒜碎 10 公克 GARLIC CHOPPED	百里香 0.3 公克 THYME	

雞豆燉番茄：

雞豆 60 公克 CHICK PEAS	檸檬皮碎 1/2 顆 LEMON ZEST CHOPPED
番茄小丁 60 公克 TOMATO DICED	百里香 1 公克 THYME
橄欖油 30c.c. OLIVE OIL	胡椒鹽 適量 SALT & PEPPER
洋蔥碎 30 公克 ONION CHOPPED	巴西里碎 適量 PASLEY CHOPPED
大蒜碎 10 公克 GARLIC CHOPPED	
檸檬汁 15c.c. LEMON JUICE	

作法：

1 小牛膝先用胡椒鹽調味，沾上高筋麵粉。整顆番茄粒切碎。

2 取一鍋，用橄欖油煎上色。

3 倒入紅酒煮至燃燒，讓酒精蒸發，留下備用。

4 另取一鍋，炒香洋蔥碎、大蒜碎、胡蘿蔔丁、西芹丁、蒜白丁。

5 再加入迷迭香、月桂葉、百里香，最後加入作法 3 的汁液，燒乾紅酒。

6 加入褐色高湯，煎好小牛膝放入煮滾。

7 用錫箔紙蓋上，放入 180℃烤箱，烤 1.5 小時

8 雞豆需先泡水軟化後，再放入鍋內，煮熟備用。

9 雞豆燉番茄的製作，將洋蔥、大蒜用奶油爆香加入雞豆，再加入雞高湯煮約 15 分鐘，放入番茄丁、巴西里碎、胡椒鹽調味即可。

10 取出作法 7 的牛膝，醬汁先過篩，再淋上醬汁，擺上雞豆燉番茄。

Tips:

醬汁過篩後較不會有碎屑，比較美觀。

佛羅倫斯雞排附野菇飯
Chicken Breast Florentine Style With Wild Mushroom Risi Bisi

材料：

紅蔥頭 30 公克
SHALLOT

奶油 80 公克
BUTTER

菠菜 120 公克
SPINACH

白葡萄酒 80c.c.
WHITE WINE

胡椒鹽 適量
SALT& PEPPER

雞腿肉 300 公克
CHICKEN LEG

雞高湯 750c.c.
CHICKEN STOCK

高筋麵粉 20 公克
BREAD FLOUR

鮮奶油 50c.c.
CREAM U.H.T

葛莉亞乳酪 50 公克
GRUYERE CHEESE

帕馬森乳酪粉 20 公克
PARMEASAN CHEESE

蒜頭 5 公克
GARLIC

米 150 公克
RICE

蘑菇 15 公克
BUTTON MUSHROOM

生香菇 15 公克
SHITAK MUSHROOM

作法：

1 將 10 公克紅蔥頭碎用奶油炒香。

2 加入菠菜、胡椒鹽炒熟，鋪於餐盤下方備用。

3 雞腿肉撒上胡椒鹽，以白酒醃，兩面沾上薄面粉煎至上色。

4 煎好後放入少許雞高湯和白酒 30c.c.，放烤箱以 200℃ 烤 10 分鐘，取出烤汁倒出備用，雞腿放在作法 2 的菠菜上。

5 以 20 公克奶油加入 20 公克麵粉炒成白油糊。

6 再加上 150c.c. 雞高湯做成雞濃汁備用。

7 將烤汁倒入沙司鍋濃縮，加入雞濃汁、鮮奶油、葛莉亞乳酪煮至溶化，即成摩尼亞 (Mornay Sauce) 醬汁。

8 將作法 7 醬汁淋到烤熱雞腿表面，撒上帕馬森乳酪粉，以明火烤至金黃色即可。

9 野菇飯製作：用 15 公克奶油炒香 20 公克紅蔥頭和蒜碎，再放入切丁狀菇類，炒香備用。

10 加入洗淨的米炒勻，淋入 20c.c. 白葡萄酒，300c.c. 雞高湯，煮至米 3 分熟後，放入烤箱中 180℃ 烤約 18 分鐘烤熟。

11 烤熟的飯加入炒好的菇類、胡椒鹽、25 公克奶油，10 公克帕馬森乳酪粉，拌炒均勻即可。

12 將烤好雞腿，附上野菇飯即可。

烤半雞附奶油洋菇飯

Roasted Chicken With Botton Mushroom of Pilaf Rice

材料：

雞 半隻
HALF CHICKEN

胡椒鹽 適量
SALT& PEPPER

橄欖油 10c.c.
OLIVE OIL

沙拉油 15c.c.
SALAD OIL

紅酒醬汁 100c.c.
RED WINE SAUCE

奶油洋菇飯：

奶油 30 公克
BUTTER

大蒜碎 5 公克
GARLIC CHOPPED

洋蔥 20 公克
ONION CHOPPED

月桂葉 1 片
BAYLEAF

蘑菇 50 公克
BUTTON MUSHROOM

米 150 公克
RICE

雞高湯 200c.c.
CHICKEN STOCK

胡椒鹽 適量
SALT & PEPPED

搭配蔬菜：

洋蔥 80 公克
ONION

紅蘿蔔 75 公克
CARROT

西芹 75 公克
CELERY

青蒜苗 50 公克
LEEK

橄欖油 適量
OLIVE OIL

胡椒鹽 適量
SALT & PEPPED

作法：

1 雞洗淨，淋上紅酒，以胡椒鹽塗抹均勻，醃約 5 分鐘。

2 西芹切條、蒜切段、紅蘿蔔切橄欖型。洋蔥切片條狀，兩端插入竹籤。

3 作法 1 的雞，用沙拉油煎至兩面金黃，烤箱預熱至 180℃，烤盤抹些油，雞放入以 180℃烤約 18～20 分鐘，（去骨雞烤約 15 分鐘）

4 取一熱鍋奶油放入，加入洋蔥碎炒軟，加入大蒜碎、1 片月桂葉、蘑菇丁，加入生米略炒均勻。

5 再將雞高湯加入稍煮一下，等湯汁稍收乾，以鋁箔紙覆蓋後，放入烤箱以 180℃烤約 15～18 分鐘，取出後燜約 5 分鐘。

6 再掀開鋁箔紙，把 15 公克奶油拌入熟飯中拌勻即可。

7 將搭配蔬菜撒上胡椒鹽、淋上橄欖油，烤至微微上色後，再放入烤箱烤約 8 分鐘即可。

8 取出烤好的雞，擺放在餐盤中，旁邊附煮好的洋菇奶油飯。

紅酒醬的製作

材料：

紅蔥頭 30 公克
SHALLOT

紅酒 80c.c.
RED WINE

雞骨肉原汁 250c.c.
CHICHKEN GRAVY

胡椒鹽 適量
SALT& PEPPER

冷奶油 0.5 公克
COLD BUTTER

作法：

1 紅蔥頭切碎用奶油炒香，倒入紅酒，讓酒精燃燒濃縮至一半的量，再放入雞骨原汁。

2 熬煮至濃稠，先將醬汁過篩，去除紅蔥頭，回爐上加熱後加入胡椒鹽，離火加入冷的小奶油塊，晃動鍋中的醬汁使其均勻即可。

乳酪奶油
焗鱸魚附水煮馬鈴薯
Sea bass Fillet a la Mornay With Boiled Potatoes

材料：

馬鈴薯 200 公克
POTATO

奶油 30 公克
BUTTER

巴西里碎 適量
PARSLEY CHOPPED

鱸魚 1 尾
SEA BASS

葛利亞乳酪 50 公克
GRUYERE CHEESE

白葡萄酒 30c.c.
WHITE WINE

胡椒鹽 適量
SALT& PEPPER

高筋麵粉 20 公克
BREAD FLOUR

牛奶 150c.c.
MIKE

鮮奶油 100c.c.
CREAM U.H.T

帕馬森乳酪粉 15 公克
PARMEASAN CHEESE

紅蘿蔔（切橄欖型）2 個
CARROT

義大利櫛瓜（切橄欖型）3 個
ZUCCHINI

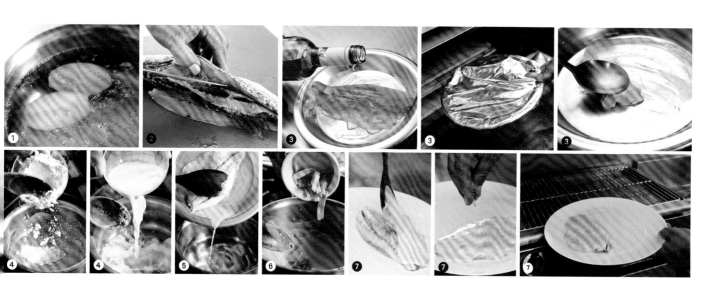

作法：

1 馬鈴薯削成五刀形狀，放入熱水中用中火煮熟（約 15 分鐘），撈出拌炒奶油和巴西里碎備用。

2 鱸魚去骨取 2 片魚肉後，將皮去除，葛利亞乳酪切絲備用

3 烤盤抹少許油，放入魚肉片。撒上白葡萄酒、胡椒鹽，蓋上已擦過奶油錫箔紙，放入 180℃ 箱烤約 10 分鐘
   取奶油 20 公克與高筋麵粉 20 公克，炒成白油糊。

4 再將 150c.c. 牛奶分次加入麵糊中拌勻，調製成奶油白汁 (Bechamel Sause) 備用。

5 取出烤好魚肉置於餐盤中。魚汁倒入沙司鍋濃縮，加入奶油白汁煮開，以胡椒鹽調味。

6 最後再加入鮮奶油與葛利亞乳絲煮至溶化，即摩尼沙司 (Mornay Sauce)。

7 將摩尼沙司淋上烤好的魚，表面撒上巴美乳酪粉，以烤箱烤上色。

8 鍋中放入奶油、雞高湯、橄欖油、胡椒鹽，把胡蘿蔔、櫛瓜，煮熟。將鱸魚與配菜擺盤即可。

Tips:

1 鱸魚前處理須完整，去骨與去皮要乾淨。

2 奶油白汁 (Bechamel Sause) 製作，以奶油與麵糊製成白油糊，再分次加入牛奶調製而成。

3 製作摩尼沙司 (Mornay Sauce) 時，奶油白汁與鮮奶油比例為 2：1。

炸麵糊鮭魚柳附塔塔醬
Salmon Orly With Tartar Sauce

材料：

鮭魚 400 公克
SALMON

油炸油 1 公升
FRY OIL

白酒 10c.c.
WHITE WINE

高筋麵粉 140 公克
BREAD FLOUR

泡打粉 6 公克
BAKING POWDER

牛奶 130c.c.
MILK

雞蛋 1 個
EGG

胡椒鹽 適量
SALT & PEPPER

沙拉油 20c.c.
SALAD OIL

羅勒 5 ～ 6 葉
BASIL

塔塔醬：

洋蔥 10 公克
ONION

酸黃瓜 6 公克
PICKLES CUCUMBER

巴西里 適量
PARSLEY

雞蛋 1 個
EGG

檸檬 1 個
LEMON

蛋黃醬 100 公克
MAYONNAISE

胡椒鹽 適量
SALT & PEPPER

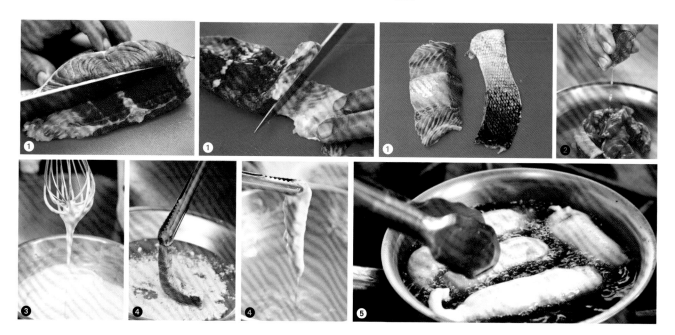

作法：

1 鮭魚去骨去皮後，切條 (約 6 公分長)。

2 將鮭魚條醃檸檬汁、白酒胡椒鹽，備用。

3 製作麵糊， 混合盆中放入過篩後的麵粉與泡打粉、牛奶、雞蛋、胡椒鹽、與沙拉油一起拌勻。

4 切好魚條，均勻沾上高筋麵粉後，再沾麵糊。

5 油溫 160℃ ～ 180℃，將魚條炸至金黃，撈起後，再將羅勒以快速炸成酥脆，快速撈出做裝飾。

6 製作塔塔醬，洋蔥、酸黃瓜、巴西里切碎。

7 雞蛋一個煮熟後切碎，檸檬擠汁備用。

8 將洋蔥碎、雞蛋碎、酸豆碎、蛋黃醬、檸檬汁、巴西里碎、胡椒鹽一起攪拌均勻，盛入沙司盅內。

9 取出後擺盤，附上塔塔醬即可。

Tips:

油溫測試，可以用洋蔥片試炸，炸到洋蔥呈金黃色，油溫大約就是 160℃ ～ 180℃ 。

奶油洋菇鱸魚排
附香芹馬鈴薯
Fillet Of Sea bass Bonne Femme
Style With Parsley Potato

材料：

鱸魚 1 尾
SEABASS

胡椒鹽 少許
SALT & PEPPER

巴西里 3 公克
PARSLEY

義大利櫛瓜 1/2 個
ZUCCHINI

洋菇 50 公克
BUTTON MUSHROOM

白葡萄酒 100c.c.
WHITE WINE

馬鈴薯 2 個
POTATO

紅蔥頭 10 公克
SHALLOT

魚高湯 60c.c.
FISH STOCK

紅蘿蔔 1/2 個
CARROT

奶油 10 公克
BUTTER

鮮奶油 80c.c.
CREAM U.H.T

馬鈴薯 (橄欖型)4 個
POTATO

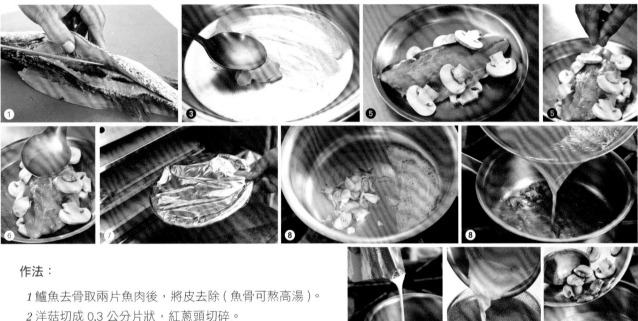

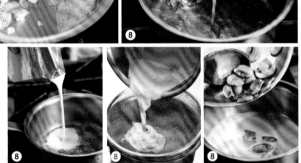

作法：

1 鱸魚去骨取兩片魚肉後，將皮去除 (魚骨可熬高湯)。

2 洋菇切成 0.3 公分片狀，紅蔥頭切碎。

3 烤盤塗些奶油。

4 放入鱸魚 (皮面朝下)。

5 擺上洋菇片，撒上胡椒鹽。

6 倒入白葡萄酒、魚高湯。

7 錫箔紙擦好奶油，蓋上作法 6，放入烤箱溫度約 180℃烤 10 分鐘。烤好鱸魚取出，放在餐盤上。

8 熱鍋將奶油融化，放入紅蔥頭、加入少許白酒，作法 7 烤盤中的烤汁加入後，加入鮮奶油煮至濃縮後，過篩去除紅蔥頭後，再加入洋菇片烹煮，胡椒鹽調味即可。

9 將奶油洋菇醬汁淋在魚上即可。

10 紅蘿蔔、櫛瓜先汆燙，取一鍋，放奶油、魚高湯、橄欖油、胡椒鹽煮滾，再將紅蘿蔔、櫛瓜放入煮熟，撒上巴西里當作配菜。

Tips:

1 鱸魚前處理須完整，去骨與去皮要乾淨。

2 鋁箔紙上要塗奶油，以免黏住魚肉。

3 烹調魚的時間與溫度要恰當。

甜點
Kitchen Dessert

在十九世紀前，西方社會將甜點看成是奢侈品，一般人無緣享用，但時至今日，甜點成了西餐主菜後的甜食，相當普及，各地也都發展出有代表性的甜點。

奶酪
Panna Cotta

材料：

無糖鮮奶油 500 公克
U.H.T WHIPPING CREAM

白細砂糖 120 公克
CASTOR SUGAR

吉利丁片 8 片
GELATINE

鮮奶 500 公克
MILK

香草豆莢 1/3 根
VANILLA STRIP

香草豆莢處理方式

1 剖開

2 刮香草籽

作法：

1 鮮奶油、白細砂糖、香草
豆莢加熱至 80℃。

2 吉利丁先泡冰水。

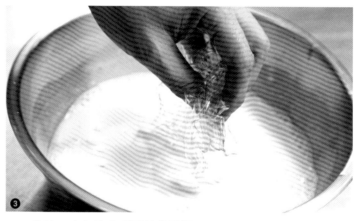

3 作法 1 中加入吉利丁片與鮮奶。

4 拌勻後過濾。

5 倒入模型冷藏定型，擺
上裝飾的水果即可。

泡芙 Puff

材料：

安佳奶油 90 公克　　低筋麵粉 90 公克
CREAM CHEESE　　　SOFT FLOUR

水 90 公克　　　　　全蛋 90 公克
WATER　　　　　　　EGG

鹽 1 小匙
SALT

作法：

1 將水、鹽、奶油煮沸。

2 加入低筋麵粉炒至糊化的
　狀態。

3 放入攪拌缸打至降溫 60℃。
4 降溫後加入全蛋分 3 次加入攪拌。

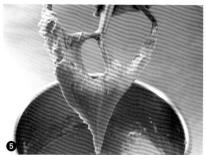

5 攪拌至濃稠狀。

6 用平口花嘴擠直徑 3 公分
　圓形麵糊。

7 入烤箱烤焙 200 ／ 200℃，
　烤 30 分。

Tips:

作法 3 擠麵糊收尾時，可用手沾水於麵糊上方輕壓一下，避免上
方拉出角狀，容易烤焦。

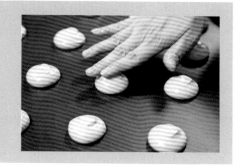

焦糖烤布蕾
Creme Brulee

材料：

香草豆莢 1/2 支
VANILLA STRIP

動物鮮奶油 500 公克
U.H.T WHIPPING CREAM

白細砂糖 55 公克
CASTOR SUGAR

楓糖 20 公克
MAPLE SYRUP

蛋黃 6 個
EGG

作法：

1 將鮮奶油與 1/2 白細砂糖、
香草豆莢加熱至 60℃。

2 蛋黃與 1/2 白細砂糖再加入楓糖一起拌勻。

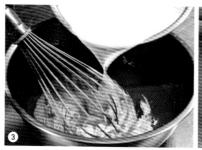

3 將拌勻作法 2 與作法 1
混合拌勻。

4 拌勻後過濾。

5 倒入模型中。

6 隔水烘烤，利用水蒸氣
加熱。

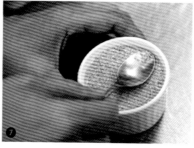

7 最後倒入二級砂糖鋪平。(二級
砂糖糖粒較粗，較不易軟掉)

8 以噴槍烤成焦狀。

寒天四季水果凍
Konjac Jelly With Fresh Fruit

材料：

寒天水晶果凍粉 40 公克
JELLY POWER

白細砂糖 50 公克
CASTOR SOGAR

水 1 公斤
WATER

柳橙汁 150 公克
ORANG JUICE

新鮮水果 適量
FRESH FRUIT

作法：

1 水加熱。

2 寒天粉與白細砂糖混合。

3 加入煮沸水中，煮至透明狀。
煮沸拌勻後先過濾。

4 再將柳橙汁加入寒天水中
拌勻。

5 再次過濾。

6 新鮮水果切丁（新鮮水果：草
莓、奇異果、水蜜桃、醃漬櫻
桃），倒入果凍待凝固即可。

蘋果塔
Apple Tart

杏仁塔皮材料
Almond Tart Dough：

安佳奶油 120 公克
CREAM CHEESE

白細砂糖 80 公克
CASTOR SUGAR

鹽 2 公克
SALT

全蛋 1 個
EGG

低筋麵粉 225 公克
CAKE FLOUR

杏仁粉 25 公克
ALMDND FLOUR

高粉 少許
BREAD FLOUR

酥菠蘿 少許
CRUMBLE

蘋果內餡：

安佳奶油 50 公克
CREAM CHEESE

蘋果（切丁）5 顆
APPLE(SMALL PIECES)

細砂糖 50 公克
CASTOR SUGAR

玉米粉 1 小匙
CORN STARCH

香草棒 1/3 條
VANILLA STRIP

檸檬汁 1/2 顆
LEMON JUICE

肉桂粉 1/4 茶匙
CINNAMON POWER

葡萄乾 少許
PAISIN

酥菠蘿作法

材料：
奶油 75 公克、糖 20 公克、
高筋麵粉 90 公克

作法：
1 奶油、糖倒盆中攪拌打發
2 加入高筋麵粉以指縫相搓
　的方式做成小圓粒即可。

作法：

1 奶油、白細砂糖、鹽加全蛋、
　杏仁粉打發

2 加過篩低筋麵粉，拌入打發的作
　法 1 中。（用壓的較不破壞組織）

3 把作好的奶油麵團放入塑膠袋
　中，壓平冷藏約 3 小時。

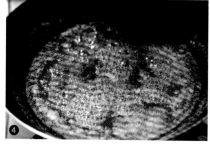

4 製作蘋果內餡，奶油煮至冒泡
　後，加蘋果丁，煮至水分收乾。

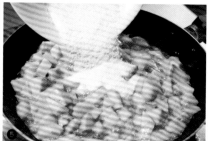

5 於作法 4 放入細砂糖炒至焦化，
　加入玉米粉、香草棒，

6 關火加入檸檬汁，再加入肉桂
　粉。

7 內餡冷卻後加葡萄乾拌勻。

8 作法 3 的麵團取出，擀成薄皮。

9 將薄皮放模型中，作成派皮造型。
10 蘋果內餡倒入派皮，撒上酥菠蘿，
　　烤箱預熱至 200℃，烤 25 分。

布朗尼巧克力蛋糕
Chocolate Brownie Cake

材料：

全蛋 16 個 EGG	沙拉油 800 公克 VEGETABLE OIL	泡打粉 24 公克 BAKING POWDER
白細砂糖 800 公克 CASTOR SUGAR	低筋麵粉 800 公克 CAKE FLOUR	碎核桃 400 公克 WALNUT
鹽 8 公克 SALT	可可粉 200 公克 COCOA POWDER	碎巧克力豆 480 公克 CHOCOLATE CHIPS

作法：

1 將全蛋、白細砂糖、鹽拌勻打發（至乳狀）。　　*2* 再加入沙拉油。

3 低筋麵粉、可可粉、泡打粉過篩。

4 將拌好作法 2 與作法 3 拌勻。
5 再加入碎核桃、碎巧克力豆、葡萄乾即可。

6 倒入大烤盤入烤箱刮平，烤箱以 200 ／ 150℃，烤 25 ～ 30 分。
7 烤焙後分成適當大小，可放一球香草冰淇淋在上面。

香草戚風蛋糕
Vanilla Chiffon Cake

材料：

蛋白 175 公克
EGG WHITE

白細砂糖 A 55 公克
CASTOR SUGAR

白細砂糖 B 45 公克
CASTOR SUGAR

塔塔粉 1/2 匙
TAITA

鹽 1/2 匙
SALT

蛋黃 90 公克
EGG YOLK

沙拉油 60 公克
VEGETABLE OIL

蜂蜜 15 公克
HONEY

柳橙汁 50 公克
ORANGE JUICE

香草精 1 公克
VANILLA EXRTRACT

低筋麵粉 75 公克
CAKE FLOUR

玉米粉 15 公克
CORN STARCH

泡打粉 1/2 匙
BAKING POWDER

作法：

1 白細砂糖 A、鹽、沙拉油、柳橙汁、香草精、蜂蜜麵粉一同拌勻。

2 將已過篩的玉米粉、低筋麵粉、泡打粉拌入成麵糊，再加入蛋黃攪拌。

3 蛋白、塔塔粉、白細砂糖 B 混合打成濕性發泡，蛋白打成泡沫後，糖分 2 次加入打發。

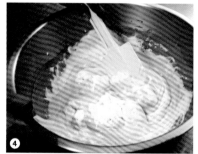 

4 作法 3 打好的蛋白拌入麵糊中，攪拌均勻。

5 倒入杯狀模型，輕敲幾下把空氣排出，再放入烤箱以 190 ／ 150℃，烤 20 分。

6 烤焙後裝飾鮮奶油、水果及撒上糖粉。

Tips:

濕性發泡多用在蛋糕，蛋白拉起時會呈較細的角狀；乾性發泡大都用在餅乾製作，打發時間會比濕性再久一點。

優格水果百匯
Yogurt Fruit

水果優格材料：

優格 1 罐
YOGURT

新鮮水果 適量
FRESH FRUIT

餅乾屑 適量
DIGESTIVE CRACKERS

餅乾屑：

消化餅乾 200 公克
DIGESTIVE CRACKERS

奶油 200 公克
BUTTER

作法：

1 將消化餅乾壓碎，拌入軟化
　奶油即可。

2 奶油加熱融化。

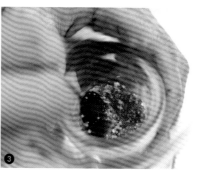

3 在透明的杯子底下先鋪上一
　層餅乾屑壓平。

4 新鮮水果處理，可依水果特性
　切片、切塊等等。
5 第二層加入優格。

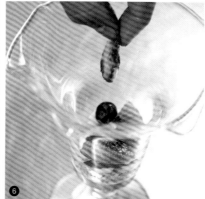

6 第三層放上新鮮水果

7 重複作法 5、6 動作 2 次

Tips:

1 餅乾與奶油混合會成為團狀，才能壓平成型，重量較重足以當做襯底，
　奶油一方面也會增加香氣。
2 新鮮水果可以自由搭配。此次採用的是奇異果片、草莓片、水蜜桃片、
　藍莓、燈籠果、飛沙栗、無花果。

麵包布丁
Bread Pudding

材料：

鮮奶 500 公克
MILK

全蛋 4 個
EGG

蘭姆酒 7 公克
RUM

白細砂糖 75 公克
CASTOR SUGAR

杏仁粉 33 公克
ALMOND FLOUR

麵包 (法國麵包或土司)300 公克
BREAD

鹽 1 公克
SALT

葡萄乾 33 公克
RAISIN

作法：

1 將鮮奶、白細砂糖加熱至 65℃。

2 全蛋、鹽、杏仁粉、蘭姆酒一起拌勻。

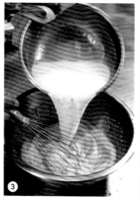

3 再將加熱鮮奶與全蛋一起拌勻。

4 全蛋加入鹽，跟已熱鮮奶一起拌勻，做最後過濾為布丁液。

5 模型中加入薄麵包、葡萄乾。

6 再倒入做好的布丁液，烤箱隔水以 150 ／ 150℃ 烘烤，烤 25 分。

巧克力慕斯
Chocolate Mousse

材料：

蛋黃 125 公克
EGG YOLK

白細砂糖 90 公克
CASTOR SUGAR

鮮奶 500 公克
MILK

苦甜巧克力 250 公克
DARK CHOCOLATE

吉利丁片 40 公克
GELATINE

打發鮮奶油 500 公克
U.H.T WHIPPING CREAM

白蘭地 30 公克
BRANDY

酒漬櫻桃 適量
PICKLED CHERRY

作法：

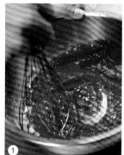

1 蛋黃加白細砂糖打發，沖入加熱鮮奶拌勻。

2 加入苦甜巧克力隔水加熱加吉利丁融化。

3 最後加入白蘭地拌勻。

4 再加入打發鮮奶油。

5 在高腳杯內，放入酒漬櫻桃。

6 擠入巧克力幕斯，中間再夾一層酒漬櫻桃。

7 最後擠平放入冷凍庫約 6 小時即可享用。

Tips:

熱鮮奶除了調味也具有殺菌的作用。

附　錄

1. 西餐常用食材中英對照
2. 溫度、重量換算
3. 食品保存與衛生
4. 西式餐廳廚房常用設備認識

西餐常用食材中英文對照表

肉類 MEAT

牛肉 BEEF

頸肩部 CHUCK
頸部肉 NECK
肩部肉 SHOULDER
肩胛里肌 CHUCK TENDER
肩胛小排 CHUCK SHORT RIB

肋排部 RIB
帶骨肋里牛肉 RIB ROAST
肋骨牛排：RIB STEAK
肋眼牛排 RIB EYE STEAK
肋眼條肉 RIB EYE ROLL
肋骨小排 SHORT RIB

前部腰肉 SHORT LOIN
條肉 STRIPLOIN
沙朗牛排 SIRLOIN
丁骨牛排 T-BONE STEAK
紅屋牛排 PORTER HOUSE STEAK
天特朗 TENDERLOIN

後部腰肉 SHORT LOIN
去骨沙朗牛排 BONELESS SIRLOIN STEAK
針骨沙朗牛排 PIN-BONE SIRLOIN STEAK
平骨沙朗牛排 FLAT-BONE SIRLOINSTEAK

臀部肉 ROUND
上部後腿肉 TOP ROUND

外側後腿肉 OUT SIDE ROUND
內側後腿肉 EYE OF ROUND OR INSIDE ROUND
下後腿肉 BOTTON ROUND OR SLIVER ROUND

腰腹肉 FLANK
腰腹肉牛排 FLANK STEAK
腰腹肉捲 FLANK ROLL
腰腹絞肉 GROUND BEEF

腩排肉 SHORT PLATE
牛小排 SHORT RIB
牛腩肉 BRISKET
絞肉 GROUND BEEF

前腿肉 FORESHANK
小腿切塊 SHANK CROSS CUT
絞肉 GROUND BEEF

內臟及其它 OFFAL AND OTHERS
牛心 BEEF HEART
牛舌 BEEF TPNGUE
牛尾 OX-TAIL
牛骨 MARROW BONE
牛肚 BEEF TRIPE
牛肝 BEEF LIVER
牛腰 BEEF KIDNEY
牛腳 BEEF FEET

犢牛肉 VEAL

背部及鞍部肉 PACK AND SADDLE

條肉、腰肉 LOIN
菲力、小里肌 FILLET
肋排 RIB

腿部肉 LEG
上腿肉 TOP ROUND
腱子 SHANK

豬肉 PORK

背部肉 PACK
大里肌 LOIN
小里肌 FILLET
肋排 RIB
頸部肉 NECK

臀部肉 ROUND
上腿肉 TOP ROUND

排骨 SPARE RIB
肩部肉 SHOULDER
腹部肉 BELLY

內臟與其它 OFFAL AND OTHERS
豬頭肉 HEAD
豬蹄 KNUCKLE
腰與肝 LIVER AND KINDEY
舌 TONGUE
腦 BRAIN
腳 FEET

羊肉 LAMB

背部及鞍部肉 RACK AND SADDLE
全鞍部肉 WHOLE SADDLE
羊排 LAMB CHOP
大里肌 LAMB LOIN

腿肉 LEG
胸肉 BREAST
羊膝 LAMB SHANK
肩部肉 LAMB SHOULDER

家禽、野味類
POULTRY AND GAME

家禽類 POULTRY
老母雞 OLD CHICKEN
成雞 CHICKEN
春雞 SPRING CHICKEN
火雞 TURKEY
鴨 DUCK
鵝 GOOSE

野味類 GAME
雉雞 PHEASANT
鵪鶉 QUAIL
綠頭鴨 MALLAR DUCK
野鴿 WILD PIGEON
野兔 WILD RABBIT
鹿肉 VENSION

魚類、海鮮類
FISHES AND SEAFOOD

魚類 FISHES

淡水魚 FRESH WATER FISH
鯉魚 CARP
鱒魚 TROUT
鰻魚 EEL
梭子魚 PIKE
鮭魚 SALMON
鮭鱒 SALMON TROUT

海水魚 SEA WATER FISH
鱸魚 SEA PERCH
紅鯉魚 RED MULLET
鯛魚 RED BREAM
紅魚 RED SNAPPER
白銀魚 WHITING
鱈魚 COD
沙丁魚 SARDINE
海令魚 HERRING
鯖魚 MACKEREL
鮪魚 TUNA FISH
杜佛板魚 DOVER SOLE
突巴魚 TURBOT
哈立巴魚 HALIBUT
鱘魚 STURGEON
鯷魚 ANCHOVY
鯧魚 POMFRET
石斑魚 GROUPER
黑貂魚 SABLE
旗魚 SWORD FISH
甲魚（鱉）TURTLE

海鮮類 SEAFOOD

甲殼類 CRUSTACEANS
小蝦 SHRIMPS
明蝦 PRAWNS
龍蝦 LOBSTER
小龍蝦 CRAYFISH
拖鞋龍蝦 SLIPPER LOBSTER
大龍蝦 ROCK LOBSTER
大王蟹 KING CRAB
雪蟹 SNOW CRAB
大西洋蟹 EDIBLE CRAB
軟殼蟹 SOFT-SHELL CRAB
石蟹 STONE CRAB
蟳蟹 MANGROVE CRAB

軟體類 MOLLUSCS
淡菜 MUSSEL
蠔 OYSTER
蛤 CLAM
干貝 SCALLOP
鮑魚 ABALONE
田螺 SNAIL
章魚 OCTOPUS
花枝 CUTTLEFISH
烏賊 SQUID
田雞腿 FROG LEGS

保存性食品
PRESERVED FOOD

保存性魚類與魚卵類製品
PRESERVED FISHES & ROES

罐裝鯷魚 CANNED ANCHOVY

罐裝鮪魚 CANNED TUNA FISH
罐裝田螺 CANNED SNAIL
罐裝沙丁魚 CANNED SARDINES
醃漬海令魚 MARINADE HERRING
醃燻鮭魚 SMOKED SALMON
醃燻鰻魚 SMOKED EEL
醃燻鮭魚 SMOKED TROUT
醃燻鯖魚 SMOKED MACKEREL
貝魯加魚子醬 BELUGA CAVIAR
塞魯加魚子醬 SEVRUGA CAVIAR
小粒貝路加魚子醬 OSSTROVA CAVIAR
魴 LUMP FISH ROE
海水鮭魚卵 SALTWATER SALMON ROE

保存性肉類製品
PRESERVED MEATS

火腿 HAM
煙燻火腿 SMOKED HAM
風乾火腿 PARMA HAM
圓形火腿 ROLL HAM
煙燻里肌肉 SMOKED PORK LOIN
切片培根 SLICED BACON
塊狀鵝肝醬 BLOC DE FOIE GRAS
鵝肝慕司 GOOSE LIVER MOUSSE
煙燻火雞肉 SMOKEDTURKEY BREAST
鹹牛肉 CORNED BEEF
煙燻牛舌 SMOKED OX-TONGUE
煙燻胡椒牛肉 PASTRAMI
風乾牛肉 DRY BEEF
義大利風乾香腸 SALAMI
里昂式肉腸 LYONER WURST
犢牛肉腸 VEAL SAUSAGE
豬肉香腸 PORK SAUSAGE
熱狗香腸 HOT DOG
奇布里塔香腸 (義大利) CHIPOLATA SAUSAGE

德國香腸 BRAT WURST
西班牙蒜味香腸 CHORIZO

乳類、油脂類與蛋類品
DAIRY、FAT AND EGGS

乳類與油脂類 DAIRY AND FAT

不帶鹽份牛油 UNSALTED BUTTER
帶鹽份牛油 SALTED BUTTER
豬油 LARD
瑪琪琳 MARGARINE
鮮奶油 CREAM
牛奶 MILK
酸奶油 SOUR CREAM
優酪乳 (酵母菌) YOGURT
打發鮮奶油 WHIPPING CREAM

起士 CHEESE

康門伯起士 CAMEMBERT
伯瑞起士 BRIE
瑞柯達起士 RICOTTA
瑪斯卡邦起士 MASCARPONE
莫札里拉起士 MOZZARELLA
白屋起士 COTTAGE CHEESE
奶油起士 CREAM CHEESE
伯生起士 BOURSIN CHEESE
湯米葡萄乾起士 TOMME AU CHEESE
波特沙露起士 PORT-SALUT CHEESE
巧達起士 CHEDDAR CHEESE
葛瑞耶起士 GRUYERE CHEESE
依門塔起士 EMMENTAL CHEESE
亞當起士 EDAM CHEESE

勾塔起士 GOAT CHEESE
哥達起士 GOUNA CHEESE
帕瑪森起士 PARMESANN CHEESE
歌歌祖拉起士 GORGONZOLA CHEESE
拉克福藍莓起士 ROQUEFORT CHEESE
煙醺依門塔起士 SMOKED EMMENTAL CHEESE
丹麥藍莓起士 DANISH BLUE CHEESE

冰淇淋 & 雪碧
ICE CREAM & SHERBET

冰淇淋 ICE CREAM
香草冰淇淋 VANILLA ICE CREAM
草莓冰淇淋 STRAWBERRY ICE CREAM
巧克力冰淇淋 CHOCOLATE ICE CREAM
咖啡冰淇淋 COFFEE ICE CREAM
芒果冰淇淋 MANGO ICE CREAM
薄荷冰淇淋 PEPPER MINT ICE CREAM
蘭姆酒葡萄乾冰淇淋 RUM RAISIN ICE CREAM

雪碧 SHERBET
檸檬雪碧 LEMON SHERBET
柳橙雪碧 ORANGE SHERBET
鳳梨雪碧 PINEAPPLE SHERBET
奇異果雪碧 KIWI-FRUIT HERBET

食用蛋類 EGGS
雞蛋 CHICKEN EGG
鵝鵝蛋 GOOSE EGG

鴨蛋 DUCKEGG
鵪鶉蛋 QUAILEGG
鴿蛋 PIGEON EGG

蔬菜類 VEGETABLES

葉菜類 LEAF VEGETABLES
苜蓿芽 ALFALFA
波士頓生菜 BOSTON OR BUTTER HEAD LETTUCE
捲齒形生菜 FRISSE OR CHICORY
結球萵苣 ICEBERG LETTUCE
貝芽菜 KAIWARE
生菜葉 LETTUCE LEAF
紅生菜 RED CHICORY
蘿蔓生菜 ROMAINE OR COSLETTUCE
菠菜 SPINACH
西洋菜 WATER CRESS

結球莖和芽狀類
BRASSICAS AND
SHOOTS VEGETABLES
朝鮮 ARTICHOKE
白蘆筍 ASPARAGUS WHITE
綠蘆筍 ASPARAGUS GREEN
比利時生菜 BELGIAN ENDIVE
青花菜 BROCCOLI
小捲心菜 BRUSSELS SPROUTS
紅包心菜 CABBAGE RED
白包心菜 CABBAG WHITE
白花菜 CAULIFLOWER
玉米 CORN
西芹 CELERY

果菜類
FRUITS AND VEGETABLES

牛油果 AVOCADO
胡瓜 BOTTLE GOURD
辣椒 CHILLI
大黃瓜 CUCUMBER BIG
小黃瓜 CUCUMBER SMALL
茄子 EGG PLANT
秋葵 OKRA
青椒 PEPPER GREEN
紅甜椒 PEPPER RED
黃甜椒 PEPPER YELLOW
南瓜 PUMPKIN
番黃瓜 SQUASH
蕃茄 TOMATO
櫻桃蕃茄 TOMATO CHERRY
番胡瓜 VEGETABLE MARROW
義大利櫛瓜 ZUCCHINI

根莖類蔬菜 ROOTS TOCK

紫菜頭 BEETROOT
紅蘿蔔 CARROT
芹菜頭 CELERY ROOT
野蔥 CHIVE
韭菜花 CHIVE FLOWER
大蒜 GARLIC
薑 GINGER
青蒜苗 LEEK
洋蔥 ONION
小洋蔥 BABY ONION
紅洋蔥 ONION RED
洋芋 POTATO
甜蕃薯 POTATO SWEET
小紅菜頭 RED RADISH
黑皮參 SALSIFY

紅蔥頭 SHALLOT
青蔥 SPRING ONION
白蘿蔔 TURNIP WHITE

菌菇類 MUSHROOMS

鮑魚菇 OYSTER MUSHROOM
牛菇菌 CEPES
黃香菇 CHANTRELLS
新鮮黑香菇 CHINESE MUSHROOM
燈籠菇 MORRELS
草菇 STRAW MUSHROOM
黑松露 TRUFFLE BLACK
白松露 TRUFFLE WHITE
洋菇 WHITE MUSHROOM

新鮮豆類及乾燥豆類
FRESH BEANS & DRY BEANS

新鮮豆類　FRESH BEANS

荷蘭豆 SNOW PEA
四季豆 FRENCH BEAN
長江豆 STRING BEAN
毛豆 FAVA BEAN
綠豆芽 GREEN BEAN SPROUT
黃豆芽 SOY BEAN SPROUT

乾燥豆類　DRY BEANS

青豆 GREEN PEA
雞豆 CHICK-PEA
褐色扁豆 BROWN LENTIL
波士頓白豆 BOSTON BEAN
蠶豆 BROAD BEAN
紅腰豆 RED KIDNEY BEAN
利馬白豆 LIMA BEAN

水果類 FRUITS

瓜類 MELONS

西瓜 WATER MELON
哈密瓜 HONEY DEW
香瓜 MUSKMELON

熱帶水果 TROPICAL FRUITS

鳳梨 PINEAPPLE
木瓜 PAPAYA
芒果 MANGO
香蕉 BANANA
椰子 COCONUT
芭樂 GUAVA
百香果 PASSION-FRUIT
柿子 PERSIMMON
楊桃 CARAMBOLA
蓮霧 LIEN-WU
釋迦 SWEET SOP
奇異果 KI-WI FRUIT
山竹 MANGO STEEN
紅毛丹 RAMBUTAN
榴槤 DURIAN
荔枝 LICHEE
龍眼 LONGAN
紅琵琶 LOQUAT
葡萄 GRAPE

一般水果 OTHER FRUITS

蘋果 APPLE
梨子 PEAR
桃子 PEACH
黃杏 APRICOT
李子 PLUM

櫻桃 CHERRY
棗子 DATE
無花果 FIG
石榴 POMEGRANATE

桔皮水果 CITRU FRUITS

柳橙 ORANGE
桔子 TANGERINE
金桔 KUMQUAT
檸檬 LEMON
萊姆 LINE
柚子 POMELO
葡萄柚 GRAPE FRUIT

漿果 BERRIN

草莓 STRAWBERRY
桑椹 RASPBERRY
紅莓 CRANBERRY
藍莓 BLUEBERRY
紅漿果 RED CURRANT
黑漿果 BLACK CURRANT

新鮮及調味香料
FRESH HERBS AND SPICES

新鮮香料 FRESH HERBS

香菜 CORIANDER
茵陳蒿 TARRAGON
九層塔 (羅勒) BASIL
薄荷 MINT
香薄荷 SAVORY

鼠尾草 SAGE
月桂葉 BAY LEAVE
百里香 THYME
巴西里 PARSLEY
蝦夷蔥 CHIVES
奧力岡 OREGANO
馬佑蓮 MARJORAM
迷迭香 ROSEMARY
小茴、蒔蘿 DILL
野苣 CHERVIL
茴香（大茴）FENNEL
香料束 BOUQUET-GARNI
香料袋 SACHET

香菜種子 CORIANDER SEED
紅花 SAFFRON
小荳蔻 CARDAMOM
牙買加胡椒 ALLSPICE
鬱金根粉（薑黃）TURMERIC
葛縷子 CARAWAY
八角（茴香）STAR ANISE
薑 TURMERIC
茴香（甜歐蒔蘿）ANISE SWEET CUMIN
杜松子（苦艾）JUNIPER BERRLE
辣椒粉 CHILL POWDER
香草 VANILLA

混合香料、調味香料及種子
MIXED HERBS SPICES AND SEEDS

咖哩粉 CURRY POWDER
山葵（辣根）HORSER ADISH
芹菜種子 CELERY SEED
茴香種子 FENNEL SEED
蒔蘿種子 DILL SEED
紅椒辣粉 CAYENNE PEPPER POWDER
花椒 ANISE-PEPPER
青胡椒粒 GREEN PEPPER CORN
白胡椒粒 WHITE PEPPER CORN
黑胡椒粒 BLACK PEPPER CORN
紅胡椒粒 PINK PEPPER CORN
肉荳蔻 NUTMEG
丁香 CLOVES
大蒜頭 GARLIC
肉荳蔻皮 MACE
肉桂 CINNAMON
紅椒粉 PAPRIKA
嬰粟種子 POPPY SEED
小茴香 CUMIN

雜貨類 GROCERY

果核及種子類 NUTS & SEEDS

核桃 WALNUT
榛果 HAZEL NUT
巴西胡桃 BRAZIL NUT
杏仁 ALMOND
板栗 CHESNUT
花生 PEA NUT
開心果 PISTACHIO
松子 PINE SEED
腰果 CASHEW NUT
南瓜子 PUMPKIN SEED
葵花子 SUNFLOWER SEED

調味料（沙司）SAUCE

蘋果沙司 APPLE SAUCE

2/
溫度、重量換算
CONVERSION

溫度對照表 TEMPERATURE CONVERSION

電烤箱攝氏溫度°C

電烤箱華氏溫度 F

50°C	122 °F
80°C	176 °F
100°C	212 °F
130°C	266 °F
150°C	302 °F
180°C	356 °F
210°C	410 °F
240°C	464 °F
270°C	518 °F
300°C	572 °F

常用重量單位換算 WEIGHTS CONVERSION

公制換算台制	台制換算公制
1 公斤＝ 1.000 公克＝ 2.20462 磅	1 台斤＝ 16 兩＝ 600 公克＝ 0.6 公斤
1 盎司 (oz) ＝ 31.1035 公克	1 台兩＝ 0.0625 台斤＝ 10 台錢＝ 37.5 公克
1 磅＝ 454 公克＝ 16 盎司 (oz)	1 台錢＝ 10 台分＝ 3.75 公克
	1.7 台斤＝ 26.7 台兩＝ 1 公斤

各種食品與材料保存

肉類保存方法：
先將肉類洗乾淨，等肉冷卻以保鮮袋裝封好，再放入冷凍室或冷藏室中。如果從冷凍室取出退冰，應於前一日將肉放置於冷藏室解凍。放於冷藏室內類必須於 2～3 日內食用。

冷凍食品類保存方法：
隨時注意冷凍冰箱的溫度，如無必要，儘量減少打開冰箱次數，以減少冷度外洩。冷凍食品要循環使用，如有需要解凍的食品，應先移至冷藏室退冰。冷凍室不可放太多食品，而影響冰箱溫度。

乳製品保存方法：
牛奶或鮮奶油放於 2℃～5℃ 的溫度，並隨時注意保存期限。牛油與冰淇淋要放於冷凍室。起司類要以保鮮膜或置於有蓋容器內，不可沾到水。

蛋類保存方法：
先將蛋的表殼清洗乾淨，再放入冷藏室冰箱，使用時要注意先後順序。

蔬菜水果類保存方法：
先清洗外皮，再擦拭乾淨，以可通氣袋子或容器分類裝好，儲存於冰箱，應儘快使用，並隨時注意是否有腐爛或變質情形。

魚類、海鮮類保存方法：
將海鮮類清洗乾淨、滴乾，裝入保鮮袋中，放入冷凍或冷藏。魚先去除鱗、鰓、內臟，沖洗清除後滴乾，用保鮮袋封好，放入冷凍或冷藏。

麥穀類保存方法： 必須放置於乾燥而密封的容器內，並置於陰涼處，不可放太久或接觸到水份，以免發霉或生蟲。

調味品類保存方法： 瓶裝或罐裝類製品要先查看使用期限。表面不可有生鏽或凹凸情形，選擇陰涼，乾爽，通風好的地方存放，避免讓陽光直接照設，如已開罐，未使用完的食品，要換成有蓋子的容器，並儘快使用完。

肉類與海鮮類有效冷藏與冷凍期限

類別	冷藏	冷凍
牛肉	3～5(日)	6～12(月)
羊肉	3～5(日)	6～12(月)
豬肉	3～5(日)	3～6(月)
家禽	2～3(日)	3～6(月)
海鮮	2～3(日)	2～4(月)

食品保存 FOOD PRESERVED

食品加熱處理

食品加熱的處理是烹調與製造過程中相當重要的一環，可使食物保存較久，並有殺害細菌的功能。細菌是使食品腐敗最主要的原因，若食物加熱時，未達到一定的溫度，不但不能消除細菌，反而可能促進細菌成長的速度。總而言之，加熱溫度越高，殺菌時間也就越短，效果會更好。目前許多罐裝和盒裝食品都採用 (U.H.T) 超高溫殺菌處理，讓食品能有長時間保存期。

食品冷藏與冷凍

溫度低對食品保持鮮度有良好效益，而且保存時間也較久，一般低溫保存食品方法有兩種：A：冷藏→ 0℃ 至 5℃、B：冷凍→ 0℃ 至 -40℃。若講究一點，則需注意下列七種不同溫度的食物保存法。

1.-30 ～ -40℃ 為急速冰凍。
2.-2℃ 以下，最適合肉類的冷凍。
3.-5℃ 以下，最適合肉類的切割與整理。
4. 避免將肉品放置於 4 ～ 25℃ 的溫度中。
5.-40℃ 時 水份將會進入肉中完全冰凍。
6.-20℃，是冷凍庫最基本溫度。
7.2 ～ 5℃ 是肉類冷藏最基本的溫度。

控制與消除細菌知識

溫　　度	作　　用
10℃ 以下	可降低細菌發展速度
10℃ 以上～ 60℃	細菌在此溫度中，會快速生長，造成食品腐爛，很容易造成食物中毒
60℃	能消滅一般細菌與寄生蟲
60℃ 以上～ 68℃	可消滅有生長力的細菌細胞
68℃ 以上～ 77℃	可消滅有抵抗力的沙門氏細菌
110℃ 以上	可消滅所有有抵抗力或任何有生長力的細菌根源

從溫度認識細菌繁殖

溫　　度	作　　用
-15℃ 時	可完全防止細菌的滋長
-4℃ 時	細菌每 60 小時以雙倍速度成長
0℃ 時	細菌每 20 小時以雙倍速度成長
4℃ 時	細菌每 6 小時以雙倍速度成長
10℃ ～ 16℃ 時	細菌每 2 小時以雙倍速度成長
16℃ ～ 21℃ 時	細菌每 1 小時以雙倍速度成長
21℃ ～ 32℃ 時	細菌每 30 分鐘以雙倍速度成長

個人衛生 PERSONAL SANITATION

做菜前先以清潔劑將手部清洗乾淨，並隨時保持手部清潔，避免蓄留指甲，配戴手錶、飾物，女性請勿塗抹指甲油。

廚房內禁止吸煙、嚼檳榔等行為，避免污染食物。

隨時保持廚房四週衛生，如地板是否乾燥與清潔、流理台是否整齊乾淨、排水槽保持暢通、垃圾桶與廚餘桶隨時加蓋。

女性做菜時，建議將長髮紮起來或戴帽子，以免污染食物。

做菜時應儘量避免交談、嘻笑、對著食物打噴嚏，以免汙染食物。

食物中毒的主因

1. 原食物材料已經腐爛
2. 誤食有毒的菜餚。
3. 冷藏保存不當 (食物未冷，即放入冰箱)
4. 製造者感染病毒。
5. 烹調過程中處理不當。
6. 已調理的食物再加熱時，處理不當。
7. 新鮮食品與腐爛食品混合而感染。

選購廚房設備時,要注意的是容易清理、持久耐用、抗腐蝕性強、線條簡單、無毒無味、抗磨損…. 等要素。選擇不適用的設備,很容易影響食物品質與廚師的情緒與健康。

平板煎爐
GRIDDLE

可煎蛋、牛排、魚排或各式肉排,炒肉、炒菜等,是一種使用方便烹調的機器。

蒸氣鍋
FOOD PROCESSING

以瓦斯、蒸氣或電為熱源,主要是,煮湯、燴肉、熬醬汁等。

果汁機
BLENDER

用來榨果汁,廚房要有專用打汁與打湯用果汁機。

工作檯水槽
WORKENCH SINK

分為單槽、雙槽。以清洗食材或鍋子而設定。

食物調理機
FOOD PROCESSING

又稱為萬能調理機，主要將食物原料切
成絲、條片、末、泥狀。

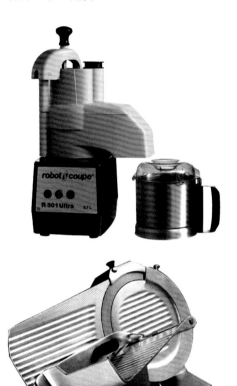

冷藏或冷凍冰箱
REFRIGERATOR OR FREEZER

冷藏或冷凍冰箱用於儲存當日食物或隔日食物用。

電動切片機
SLICE MACHINE

主要切精細度高的薄片食材。

架烤爐
CHARBROILER

架子下放炭，稱為炭烤。熱源從下方傳熱至架子上。

西餐大師
新手也能變大廚
A Newbie To A Chef

作　　　者	許宏寓、賴曉梅
攝　　　影	楊志雄
編　　　輯	翁瑞祐
美 術 設 計	潘大智

發 行 人	程安琪
總 策 畫	程顯灝
總 編 輯	呂增娣
主　　編	李瓊絲
編　　輯	鄭婷尹、邱昌昊、黃馨慧、余雅婷
美 術 主 編	吳怡嫻
資 深 美 編	劉錦堂
美　　編	侯心苹
行 銷 總 監	呂增慧
行 銷 企 劃	謝儀方、李承恩、程佳英

發 行 部	侯莉莉
財 務 部	許麗娟、陳美齡
印 務	許丁財
出 版 者	橘子文化事業有限公司

發 行 部	三友圖書有限公司
地　　址	106 台北市安和路 2 段 213 號 4 樓
電　　話	(02)2377-4155
傳　　真	(02)2377-4355
E — mail	service@sanyau.com.tw
郵 政 劃 撥	05844889 三友圖書有限公司

總 經 銷	大和書報圖書股份有限公司
地　　址	新北市新莊區五工五路 2 號
電　　話	(02)8990-2588
傳　　真	(02)2299-7900

製　　版	興旺彩色印刷製版有限公司
印　　刷	鴻海科技印刷股份有限公司

初　　版	2014 年 11 月
一版二刷	2016 年 08 月
定　　價	新台幣 565 元
I S B N	978-986-364-037-0(平裝)

感謝以下廠商協力幫忙：（ 依筆劃順序 ）

十代食品有限公司

六協興業股份有限公司

日燁國際興業有限公司

台灣麗固有限公司

安平海鮮肉品有限公司

全球餐飲發展有限公司

四方鮮乳牧場

芳成工業股份有限公司

美雅食品有限公司

冠廚食品有限公司

鈦景國產肉品專業公司

國家圖書館出版預行編目資料

西餐大師：新手也能變大廚 / 許宏寓，賴曉梅作 . -- 初版 .
-- 臺北市：橘子文化，2014.10 面； 公分
ISBN 978-986-364-037-0(平裝)

1. 食譜

427.12　　　103021332

SANYAU
http://www.ju-zi.com.tw
三友圖書
友直 友諒 友多聞